Richard de Hoop
Macht Musik

Richard de Hoop

Macht Musik

So spielt Ihr Team zusammen, statt nur Lärm zu produzieren

Bibliografische Information der Deutschen Nationalbibliothek

Die Deutsche Nationalbibliothek verzeichnet diese Publikation
in der Deutschen Nationalbibliografie; detaillierte bibliografische
Informationen sind im Internet unter http://dnb.ddb.de abrufbar.

ISBN 978-3-86936-432-2

Lektorat: Christiane Martin, Köln I www.wortfuchs.de
Umschlaggestaltung: Martin Zech Design, Bremen I
www.martinzech.de
Satz und Layout: Das Herstellungsbüro, Hamburg I
www.buch-herstellungsbuero.de
Druck und Bindung: Salzland Druck, Staßfurt

Copyright © 2012 GABAL Verlag GmbH, Offenbach

www.gabal-verlag.de
www.facebook.com/Gabalbuecher
www.twitter.com/gabalbuecher

INHALT

AUFTAKT: BELBIN MACHT MUSIK

Musik ist für mich die größte Quelle des Glücks und der Motivation überhaupt. Als Kind fragte mich meine Mutter einmal, was ich später werden wolle. **Musik als Metapher und Inspirationsquelle für Teams**

Meine spontane Antwort hieß:»Rockstar!« Wenn ich heute auf der Bühne stehe, denke ich manchmal: Wow, das ist nahe dran an deinem Kindheitstraum! Allerdings mit einem wichtigen Unterschied: Als langjähriger Trainer möchte ich Menschen nicht nur musikalisch unterhalten, sondern auch motivieren, sich in Teams ergänzend zusammenzufinden, einander zu verstehen und gemeinsam die gesetzten Ziele zu erreichen. Dafür ist Musik die perfekte Metapher. Denn in jedem Orchester treffen Musiker mit unterschiedlichen Instrumenten so aufeinander, dass durch Verständnis, Abstimmung, Freude und Begeisterung harmonische Klänge entstehen.

Leider spielen heute viele Teams in Unternehmen und Organisationen nicht gut zusammen. Sie produzieren Lärm, statt Musik zu machen. Töne entstehen ja nicht von selbst, sondern werden erzeugt – von vielen verschiedenen Solisten, den Teammitgliedern, durch deren Aktivitäten und Kommunikation. Der Ton, den diese Solisten gemeinsam erzeugen, dringt nach draußen und wird vom Markt gehört. Welche Töne nimmt wohl der Markt wahr, wenn jeder im Team spielt, was ihm gerade durch den Kopf geht? Sicher keine Musik, die den Namen verdient. Um das zu erreichen, muss aus den Solisten ein Orchester werden. Und da höre ich in Organisationen immer wieder:»Mensch, ist das alles schwierig!« Teams scheinen total anstrengend zu sein.

Vor rund 20 Jahren habe ich zum ersten Mal ein Modell kennengelernt, mit dem Teambuilding ganz einfach ist. Es ist das Teamrollenmodell des **Dieses Buch basiert auf dem Modell von Dr. Meredith Belbin.**

englischen Psychologen und Managementexperten Dr. Meredith Belbin. Inzwischen bin ich zertifizierter Belbin-Trainer und konnte schon zahlreichen Teams helfen, effektiver zusammenzuarbeiten. Das Modell geht von acht unterschiedlichen Teamrollen aus, die durch den

Charakter der Teammitglieder und weitere Faktoren bestimmt werden. Das Dumme an diesem Modell ist bloß, dass die Bezeichnungen der Teamrollen mehrdeutig und wenig einprägsam sind. Belbin ist mit den Namen der einzelnen Rollen selbst nie ganz glücklich geworden.

Irgendwann Mitte der 1990er-Jahre saß ich mit meinem Kumpel, dem Musiker Franck van der Heijden, lange Abende beim Bier zusammen. Und da kam uns eine Idee. Wenn das perfekte Team zusammenspielt wie ein Orchester, dann lassen sich die Teamrollen von Belbin doch mit Instrumenten vergleichen. Es war spät in der Nacht, da hatten wir für jede Teamrolle ein Instrument gefunden, das als Metapher genau passte. So kam es zu dem Orchestermodell, das Sie in diesem Buch kennenlernen. Viele Jahre haben Franck und ich gemeinsam Auftritte gemacht und die Show und das Modell weiterentwickelt – bis Franck 2007 als Musical Director von David Garrett seinen Traumweg ging. (Franck, ich bin unglaublich stolz auf dich und sehr dankbar für unsere schöne Zusammenarbeit!)

Erfahren Sie, worauf es ankommt, damit Ihr Team perfekt zusammenspielt! 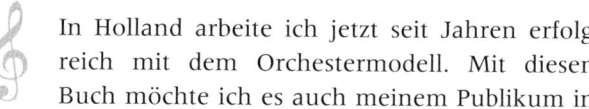 In Holland arbeite ich jetzt seit Jahren erfolgreich mit dem Orchestermodell. Mit diesem Buch möchte ich es auch meinem Publikum im deutschsprachigen Raum zugänglich machen. Auf den folgenden Seiten erfahren Sie, worauf es beim Teambuilding wirklich ankommt. Sie entdecken die »Instrumente«, die Sie in Ihrem Team am besten spielen und auf denen Sie sich zum Virtuosen entwickeln können. Wenn Sie Führungskraft sind, dann erhalten Sie jede Menge Anregungen, wie Ihr Team einander zuhören, sich abstimmen und harmonisch zusammenspielen kann. Denn darauf kommt es nicht nur in der Musik, sondern überall dort an, wo Menschen gemeinsam Ziele erreichen wollen.

Ich wünsche Ihnen eine Lektüre, die Sie rockt!
Mit einer fröhlichen Note

Ihr Richard de Hoop

INTERMEZZO:
GELEITWORT VON DAVID GARRETT

Seit ich im Alter von vier Jahren meine erste Geige bekommen habe, ist Musik ein sehr wichtiger Teil meines Lebens. Eigentlich ist Musik mein Leben! Musik hat das Vermögen, uns so unendlich viel Freude und Emotionen zu geben, den Alltag vergessen zu lassen, uns Leichtigkeit zu bringen und unsere Existenz generell anregender und lebenswerter zu machen. Meine Motivation war es schon immer, möglichst viele Menschen – vor allem auch junge Leute – auf meine Weise an die Klassik heranzuführen und ihre Begeisterung und ihr Interesse für diese ja nur vermeintlich ernste Musik zu wecken. Deswegen erarbeite ich mit Leidenschaft ständig neue Interpretationen klassischer Musik und mische Klassik mit Pop-, Rock- und Rhythm-and-Blues-Elementen. Musik ist nichts Verkrustetes, Starres. Sie lebt, sie darf, ja soll sogar verändert und innovativ an den Stand der heutigen Entwicklung und vor allem an die Denkweisen angepasst werden. Ich finde es wunderbar und sehr wichtig, Musik dort einzusetzen, wo sie am meisten bewegt, am meisten motiviert und anspornt.

Deswegen war es mir eine Freude, ein Buch wie dieses zu entdecken. Ein Buch, dessen Autor sich der Metapher Musik bedient, um optimale Zusammenarbeit und Freude daran in die Unternehmen zu bringen. Der Teams als »Unternehmensorchester« bezeichnet. Als eines, das auch noch freudvoll spielen darf, mit der richtigen Dosis an »passion@work«. Und der Führungskräfte auffordert: »Eure wichtigste Aufgabe ist es, die Augen eurer Mitarbeiter zum Strahlen zu bringen.«

Ich kenne die Bedeutung von perfekt koordinierter Teamarbeit, in Orchestern wie außerhalb. Wie wichtig es ist, dass jeder »Mitspieler« präzise seinen Einsatz kennt. Wie wichtig es ist, dass die anderen Teammitglieder sich nahezu blind darauf verlassen können, dass der Einsatz punktgenau kommt. Als Musiker stehe ich zwar sehr oft alleine im Rampenlicht im Zentrum der Bühne, aber ohne ein perfekt koordiniertes Zusammenspiel mit dem Orchester, mit dem ich gerade auftrete, wären erfolgreiche Auftritte niemals möglich. Auch wir müssen hier ganz genau hinhören, uns abstimmen und dann wirklich zusammenspielen. Passiert diese Abstimmung, diese bewusste Aufmerksamkeit füreinander im Ensemble nicht, würden auch international renommierte Orchester nur Lärm produzieren, den sicher keiner hören will.

Wie Richard de Hoop – für den Musik auch alles im Leben ist – diese Metapher Musik anwendet, für sich interpretiert und auf harmonische Zusammenarbeit und dadurch mehr Erfolg umlegt, ist wunderbar. Er hat diese Metapher zusammen mit meinem Musical Director, Franck van der Heijden, schon in den 1990ern entwickelt und immer weiter perfektioniert. Er fordert Führungskräfte auf, sich mit den Stärken ihrer Teams auseinanderzusetzen und die Menschen dort einzusetzen, wo ihre größten Talente liegen. Er fragt: Welche Fähigkeiten haben die einzelnen »Instrumente«, sprich Mitarbeiter, wer passt zusammen, wer kann wen im Team perfekt unterstützen und ergänzen? Wer genau dort eingesetzt ist, wo seine spezifischen Talente liegen, wird mit immenser Freude musizieren, und genau diese Freude ist es, die den ganz großen Erfolgen liegt. Außerordentliche Erfolge lassen sich allerdings nur durch enorme Disziplin und Einsatzbereitschaft aller Mitwirkenden erreichen. Ohne ständiges Üben erreicht niemand Virtuosität auf seinem Instrument. Nur das gemeinsame, intensive Üben führt auch zur Virtuosität des gesamten Orchesters!

Ich kann alle Dirigenten, Führungskräfte und Unternehmen nur einladen, ihr wertvollstes Gut, ihre Mitarbeiter, wie ein einmaliges, schwingendes und vor allem harmonisches Orchester zu behandeln. Fordern Sie ruhig Disziplin, fordern Sie Virtuosität, fordern Sie Aufmerksamkeit und Bewusstheit füreinander! Aber geben Sie Ihrem Orchester auch die notwendigen Freiräume, die Möglichkeit innovativer Interpretationen von vielleicht etwas traditionell gewordener Unternehmensmusik! Cross-over funktioniert auch in der Wirtschaft. Aber was immer Sie tun, haben Sie Spaß und machen Sie Musik!

Euer David Garrett

TEIL I:

HÖRT
EINANDER
ZU!

»Well if you want some advice
You gotta listen to me
Getta hold of your life
And you can have a new dream«

Supertramp »Listen To Me Please«

WORAUF ES BEIM TEAMBUILDING WIRKLICH ANKOMMT

»Music can be such a revelation
Dancing around you feel the sweet sensation«
Madonna »Get Into the Groove«

Erfolgsfaktoren für Teams

Alles im Takt, Tag und Nacht. Eine ganze Woche lang volle Power. Von früh bis spät sind die Läden voll mit Kunden. Sie kaufen Jeans, T-Shirts, Jacken, Hemden, Anzüge, Krawatten – alles. Die Preise sind sensationell niedrig. Und die Beats aus den Boxen machen den Käufern richtig Laune: bum, bum, bum, bumbum, bum! Nach Ladenschluss drehen die Mitarbeiter noch mal auf. Die Geschäfte sind fast leer, die Kleidung muss neu aufgefüllt werden. Das dauert die halbe Nacht. Und alle machen mit. Ein Controller sortiert T-Shirts in Regale. Der CEO der Firma reißt Pakete auf und ruiniert sich die Finger. Egal. Es herrscht Partystimmung. Am nächsten Tag geht der Wahnsinn weiter. Noch mehr Kunden! Bis die Aktion vorbei ist. Dann wird in einem tollen Restaurant kräftig gefeiert. Alle Mitarbeiter sind geschafft – aber ihre Augen leuchten. Und jedes Augenpaar scheint zu sagen: Wir sind das stärkste Team der Welt!

Wir Holländer freuen uns immer, wenn wir etwas Geld sparen können. Und wenn wir dabei noch jede Menge Spaß haben können, sind wir  **Die total verrückte Aktion einer Bekleidungskette** ganz in unserem Element. Für Deutsche heißt es meist »billig« – schon dieses Wort hat einen schlechten Klang. Im Niederländischen sagen wir dagegen »goedkoop«, wörtlich übertragen »ein guter Kauf«. Und so sehen wir das auch! »Set Point«, eine inzwischen wegfusionierte Kette für Männerbekleidung, kam deshalb vor einigen Jahren auf die

Idee, einmal pro Saison den Kunden total verrückte Preise zu bieten. Und Partystimmung noch dazu. Meine Trainingsfirma hat die Mitarbeiter von »Set Point« zu dieser Zeit geschult. So durfte ich bei der unglaublichen Verkaufsparty selbst mit dabei sein und hinter die Kulissen schauen.

Die Aktionswoche in den 44 holländischen Filialen von »Set Point« bedeutete für die Mitarbeiter riesigen Aufwand. Die Kunden sollten das Gefühl haben, Männersachen »fast geschenkt« zu bekommen. Das kann kein Händler mit seinem normalen Sortiment machen, weil dann später kein Kunde mehr zu höheren Preisen kaufen würde. Also kaufte die Firma selbst erst mal billig – pardon, günstig – ein, was für die Kunden ein »guter Kauf« werden sollte. Die Filialen mussten zu Beginn der Aktionswoche komplett leer geräumt und mit Aktionsware aufgefüllt werden. Sechs Tage später sollte das normale Sortiment wieder rein. Das allein könnten Mitarbeiter anderer Firmen als Stress empfinden. Bei »Set Point« fieberten die Angestellten der Woche entgegen wie Kinder dem Geburtstag, Nikolaus und Weihnachten. In den ersten drei Tagen wurden nur Stammkunden zum Shopping eingeladen. Dann folgten drei Tage für neue Kunden. Am Ende jedes Verkaufstags waren die Filialen praktisch leer gekauft.

Alle Mitarbeiter hängen sich richtig rein.  Die Stimmung in den Läden war die ganze Zeit sensationell. Trotz des Ansturms waren genug Leute da, um Kunden zu helfen und sie zu beraten. Außerdem gab es kostenlose Getränke und Snacks. Das funktionierte deshalb so gut, weil in dieser Woche fast alle, die sonst Bürojobs machen, in den Läden waren und mit anpackten. Sogar die Banker der Hausbank von »Set Point« machten begeistert mit. Kunden ahnten nicht, dass ihnen gerade der CEO eine Cola eingeschenkt oder der Vertriebschef ein T-Shirt in einer anderen Größe geholt hatte. Auch nachts ging niemand nach Hause. Egal, ob Praktikant oder Topmanager – alle machten mit, bis die Läden sauber und die Regale wieder voll waren. Nebenbei gab es noch einen kleinen Wettbewerb, welche Filiale am schnellsten umräumt und am meisten verkauft. Die Teams mit den Topmanagern wurden meistens gnadenlos geschlagen. Aber die Chefs nahmen es mit Humor.

Wenn in deutschen Städten verkaufsoffener Sonntag ist, bleiben immer einige Läden zu. Mal ist es Karstadt, mal Kaufhof, mal H&M. Der  **Die Erfolgsfaktoren für Teams sind weltweit dieselben.** Grund ist meistens derselbe: Der Betriebsrat hat gegen die Überstunden vor Gericht geklagt und recht bekommen. Wie kann es sein, dass Mitarbeiter ihre eigene Firma verklagen, um nicht arbeiten zu müssen – während ein paar Hundert Kilometer weiter Mitarbeiter einer Woche entgegenfiebern, in der sie fast rund um die Uhr arbeiten werden? Eines gebe ich Ihnen hier schriftlich: An dem Mentalitätsunterschied zwischen Deutschland und Holland liegt es nicht. Dr. Meredith Belbin, auf dessen wissenschaftlichen Erkenntnissen dieses Buch basiert, fand heraus, dass es überall auf der Welt dieselben Faktoren sind, die aus Teams begeisterte Teams machen. Kulturelle Unterschiede spielen eine Nebenrolle.

Es muss also einen anderen Grund geben, warum die Mitarbeiter der einen Firma sich auf zusätzliche Arbeit freuen, während die Mitarbeiter der anderen Firma alles tun, um Mehrarbeit zu verhindern. Einen ersten Hinweis auf diesen Grund bekommen Sie, wenn Sie sich in dem Beispiel von »Set Point« noch einmal ein Detail anschauen: Da haben während der Aktionswoche alle Mitarbeiter der Firma mit angepackt. Auch die Topmanager waren sich nicht zu fein, mitten in der Nacht Kisten durchs Lager zu schleppen oder im Laden Kunden zu bedienen. Finden Sie die Topmanager von Kaufhof oder H&M an den offenen Sonntagen auch in ihren Läden? Ich fürchte, die finden Sie am Wochenende überall, nur nicht dort, wo ihre Mitarbeiter das Geld einnehmen.

In Organisationen ist Arbeit an Rollen gebunden, die einzelne Personen einnehmen. Dabei  **»Funktionale Rolle« und charakterliche »Teamrolle« in Balance** lässt sich nach Belbin zwischen »funktionalen Rollen« und »Teamrollen« unterscheiden. Funktionale Rollen sind zum Beispiel Geschäftsführer, Assistent, Projektleiter, Verkäufer oder Coach. Ob eine Person eine funktionale Rolle ausfüllen kann, hängt von ihren fachspezifischen Kenntnissen und Erfahrungen ab. Diese lassen sich in der Regel leicht ermitteln. Die bevorzugten Teamrollen einer Person offenbaren jedoch kein Diplom, kein Arbeitszeugnis und kein Jobtitel. So ist einer vielleicht der »Tempomacher« im Team. Das kann der Chef sein. Oder aber ein ehrgeiziger Verkäufer. Ein anderer ist möglicherweise sehr kommunikativ und stellt bei Konflikten die Harmonie wieder her – wiederum unabhängig von der funktionalen Rolle. Ein Assistent schließlich kann alles im Blick haben und managen, während sein Chef – der eigentliche »Manager« – ein kreativer Chaot ist.

Die meisten Unternehmen, die ich kenne, machen den Fehler, bei der Zusammenstellung von Teams bloß auf die funktionale Rolle zu schauen. Sie suchen für eine bestimmte Vakanz oder für ein neues Projektteam einen Mitarbeiter. Die Stelle bekommt, wer dem fachlichen Anforderungsprofil entspricht, Erfahrung in ähnlichen Positionen hat und verfügbar ist. Da sollte doch nichts mehr schiefgehen, denkt man. Genau das ist der Irrtum. Belbin konnte in seiner über 30-jährigen Forschung beweisen, dass es auf die richtige Balance zwischen funktionalen Rollen und Teamrollen entscheidend ankommt.

SO SIND SIE IM TAKT

Achten Sie auf die persönlichen und charakterlichen Rollen Ihrer Teammitglieder mindestens so sehr wie auf die fachlichen Profile. Die charakterlichen Teamrollen sind der wichtigste Erfolgsfaktor für Ihr Team.

In Gewinnerteams passen alle Rollen perfekt. Gewinnerteams, die mit Begeisterung und Leidenschaft auch mal Überstunden machen, unterscheiden sich von weniger erfolgreichen Teams dadurch, dass die Teamrollen perfekt passen. Jeder spielt im Team exakt die Rolle, die seinem Charakter, seinen Neigungen und Talenten entspricht. Umgekehrt sind in jedem Team sämtliche Teamrollen vertreten, die nötig sind, um das gesetzte Ziel zu erreichen. Da die Teamrollen heute in den wenigsten Unternehmen ausreichend beachtet werden, sind sie wie ein verborgener Schatz, den Führungskräfte heben können.

Ein Spitzenorchester kann viele verschiedene Stücke spielen

Während der verrückten Aktionswoche bei »Set Point« gerieten die Hierarchien und Funktionen völlig durcheinander.  **Die Stücke ändern sich, die Instrumente bleiben.** Wie bei einem großen Karneval schlüpften Mitarbeiter in ungewohnte Rollen. Der Banker betätigte sich als Lagerarbeiter, der IT-Administrator beriet Kunden und der Marketingleiter ließ sich vom Azubi zeigen, wie man Hemden faltet. Doch nur die funktionalen Rollen wurden getauscht – nicht unbedingt die Teamrollen! Auch als Lagerarbeiter behielt der Banker alle Zahlen im Kopf. Er hätte jederzeit sagen können, wie viele weiße Hemden noch am Lager sind. Der IT-Administrator erklärte den Kunden jedes Detail eines Hemdes. Einschließlich Material und Waschvorschrift. Und der Marketingleiter hörte dem Azubi zwar zu, machte aber gleichzeitig Witze und verbreitete gute Laune. Wie jeden Morgen im Büro. Alle machten mal was anderes – und blieben sich doch treu.

Eine Aktion wie bei der holländischen Bekleidungskette können Sie nicht in jeder Firma machen. Wenn die Mitarbeiter überhaupt dazu bereit sind, werden sie unter ungünstigen Umständen im Chaos enden. Ich vergleiche das gern mit einem Spitzenorchester und Amateurmusikern. Die Amateure haben schon mit etwas schwierigeren Stücken Probleme. Sie üben und üben und spielen dann doch falsch. Ein Spitzenorchester dagegen spielt an einem Abend alle möglichen Stücke. Erst Brahms, dann Schönberg, dann Henze. Und zwischendurch noch die »Jazz Suite« von Schostakowitsch. Alles kein Problem. Jeder im Orchester ist eben Virtuose auf seinem Instrument. Und kann dieses Instrument immer wieder in unterschiedlichen Stücken zum Klingen bringen.

Erfolgreiche Teams in Unternehmen sind genauso. Alle wissen, welche Rollen ihnen am meisten liegen.  **Sich die Teamrollen bewusst machen** Der eine ist der kreative Kopf – der andere sorgt dafür, dass Dinge, die angefangen wurden, auch zu Ende gemacht werden. Der eine gibt gerne Gas – der andere achtet darauf, dass niemand unter die Räder kommt. Und einer ist immer derjenige, der einfach unauffällig die Arbeit macht und die Steine aus dem Weg räumt. In absoluten Spitzenteams ist sich jeder seiner Lieblingsrolle auch voll bewusst. Er kennt seinen Beitrag zum Ganzen. Er hält sich dabei weder für besser noch für schlechter als die anderen und möchte mit niemandem tauschen. In einem Spitzenorchester beneidet auch nie der Bassist den Violinisten. Jeder hat sich für sein Lieblingsinstrument entschieden. Und jeder ist unentbehrlich für die Aufführung der Musik.

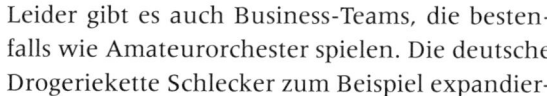

Wo kein Team die Kunden begeistert, sieht es düster aus. Leider gibt es auch Business-Teams, die bestenfalls wie Amateurorchester spielen. Die deutsche Drogeriekette Schlecker zum Beispiel expandierte über drei Jahrzehnte in rasantem Tempo. Das Unternehmen wollte europaweiter Marktführer werden. 1989 kam Schlecker nach Holland und eröffnete 20 Jahre später hier in Heerlen eine Versandapotheke. Doch dann gingen ganz schnell die Lichter aus. 2010 beschloss Schlecker, alle 100 holländischen Filialen mit einem Schlag dichtzumachen. Zur selben Zeit kamen in Deutschland erste Pleitegerüchte auf. Skandale häuften sich, Gewerkschaften und Medien betrachteten die Firma immer kritischer. Als dann 2012 wirklich die Insolvenz kam, war der Schock insbesondere für die mehr als 11 000 Mitarbeiter dennoch groß.

Wer jemals eine Schlecker-Filiale betreten hat, dem könnte aufgefallen sein, dass hier von »Teams« oft gar nichts zu sehen war. Die typische Filiale auf dem Land oder in den Nebenstraßen der Städte wurde aus Kostengründen als »Ein-Frau-Betrieb« geführt. Die Geschäftsführerin wurde zwar einigermaßen anständig bezahlt, es gab Urlaubsgeld, Weihnachtsgeld und bezahlte Überstunden. Aber sie musste sich eben um alles alleine kümmern. In den zum Schluss ausgesprochen unattraktiven Läden wurde an allen Enden gespart – sogar bei der Sicherheit. Durch die fehlenden Alarmanlagen kam es um 2005 zu einer Serie von Raubüberfällen auf Schlecker-Märkte. Und die Kunden? Sie kauften irgendwann nur noch dann bei Schlecker, wenn ihnen der Weg zu einem anderen Laden zu weit war. Auf Facebook hatte Schlecker zuletzt rund 3900 »Fans« (bei 47 000 Mitarbeitern), während beim Hauptkonkurrenten dm-Drogeriemarkt bereits 575 000 Nutzer des sozialen Netzwerks »gefällt mir« geklickt hatten.

»Oh, Männer sind einsame Streiter.
Müssen durch jede Wand, müssen immer weiter«
Herbert Grönemeyer »Männer«

*»Leute, nun gebt mal mehr Gas, ich will Ergebnisse sehen!«, lautete
ein Lieblingssatz des Vorstandschefs. Dabei trommelte er gerne mit
den Fingern auf den Tisch. Seine Kollegen im Vorstand nickten dann
meistens nur. Sie hatten verstanden. Noch mehr Arbeit. Der Finanzchef setzte sich hin und schaute nach weiteren Einsparpotenzialen.
Der Einkaufschef schloss sich in seinem Büro ein und recherchierte
nach noch günstigeren Anbietern. Und der Personalchef stellte genau
die Leute neu ein, die sein Boss haben wollte. So verdiente die Firma
viel Geld. Die Arbeitstage des Vorstands wurden immer länger und
die Dienstwagen immer größer. Für den Vorstandschef war die Welt
in Ordnung.*

Von einer Gruppe Solisten zum Spitzenorchester

»Men at Work« ist in Holland eine Kette von
Jeansläden. Als ich vor Jahren den damaligen
Vorstandschef kennenlernte, machte ich mir um
die Firma sofort Sorgen. Dabei sahen die Zahlen, Daten und Fakten
erst mal super aus. Die Umsatzkurve zeigte steil nach oben, überall
entstanden neue Läden, und die Prozesse schienen gut organisiert.
Der Vorstandschef redete schnell, dachte noch schneller und schien
den eisernen Willen zum Erfolg zu haben. Um ihn persönlich machte
ich mir auch keine Gedanken. Aber sein Managementteam war in
meinen Augen überhaupt kein Team, das diesen Namen verdient hätte. Das war die tickende Zeitbombe in der erfolgreichen Firma.

Ein Management-»Team«,
das den Namen nicht
verdient

Teammitglieder wie diesen Vorstandschef vergleiche ich mit der
Trommel im Orchester. Sie sind ständig unter Strom, haben meistens
das Smartphone am Ohr oder sind im Gespräch mit Mitarbeitern, denen sie ihre neuesten Ideen mitteilen. Sie sind die Tempomacher im

Team und warten ungeduldig auf rasche Resultate. Wenn im Orchester der Schlagzeuger schneller wird, müssen alle anderen Musiker auch schneller spielen. Trommeln sind deshalb gerne Chef und gehen in dieser Rolle auf. Aber Trommeln brauchen auch Gegengewichte, die sie gut ergänzen. Druck und Tempo allein machen keine Firma auf Dauer erfolgreich. Kreative Ideen für neue Produkte und Services müssen her. Mitarbeiter müssen für die Strategien des Managements begeistert werden. Und bei zwischenmenschlichen Konflikten, bei denen die Trommel immer weiter Öl ins Feuer gießt und recht behalten will, sollte ein kluger Vermittler einschreiten.

Wo alle durcheinander spielen, entsteht nur Lärm. 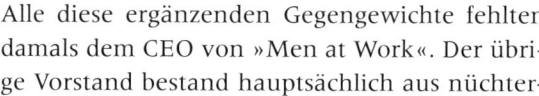 Alle diese ergänzenden Gegengewichte fehlten damals dem CEO von »Men at Work«. Der übrige Vorstand bestand hauptsächlich aus nüchternen Umsetzern. Sie beschäftigten sich jeweils nur mit ihrer eigenen Sparte – Finanzen, Personal, Einkauf oder Sortiment – und setzten dort um, was der Vorstandschef als Marschroute vorgab. Solche tüchtigen, disziplinierten Umsetzer sind wie der Bass im Orchester. Er fällt nicht groß auf, ist aber für den satten Klang unentbehrlich. Doch was für einen Klang ergibt eine Trommel mit fünf Bässen, die alle ihre eigenen Noten spielen? Das ist kein Orchester. Und das Ergebnis kann auch keine Musik sein. Es ist nur Lärm.

Lernen, die Stärken der anderen zu sehen und zu schätzen Zum Glück hat der Vorstandschef das eingesehen. Da alle nur auf ihn fixiert waren, konnte die Initiative zur Veränderung nur von ihm ausgehen. Er war weitsichtig genug, um zu verstehen, dass zwar im Moment alles glattlief, es bei der kleinsten Krise aber an der nötigen Kreativität, Flexibilität und Kommunikationsfähigkeit mangeln würde, um auf Kurs zu bleiben. Er holte deshalb einen neuen Mann in den Vorstand, der ganz anders war als die bisherigen Kollegen. Der Neue war kreativ, begeisternd sowie sehr offen und kommunikativ. Der Chef blieb weiter unter Strom und musste immer noch mit dem Kopf durch jede Wand. Aber er lernte mehr und mehr, andere Charaktere in der Firma zu fördern und ihren Beitrag zu schätzen. So entstand nach etwa einem Jahr ein Unternehmensorchester, das gemeinsam musiziert. Und so überstand die Firma schließlich auch die großen Konzentrationswellen im Handel und ist bis heute eigenständig erfolgreich.

Nur wer den anderen zuhört, kann Musik machen

Es gibt drei Prinzipien, nach denen sich alle Musiker richten müssen. Sie müssen erstens einander zuhören. Nur wer weiß, wie die Instrumente **Drei Prinzipien für Musiker – und Teams** der anderen klingen, kann mit ihnen gemeinsam musizieren. Zweitens müssen sich Musiker miteinander abstimmen. Auch im Jazz, wo Stücke improvisiert werden, sprechen sich die Musiker vorher ab. Sonst funktioniert es nicht. Drittens müssen bei der Aufführung alle im Takt bleiben und zusammenspielen. Diese Prinzipien sind auch eine schöne Metapher für das, worauf es in jedem Team ankommt. Ich habe dieses Buch deshalb in drei Teile unterteilt, die erst »Zuhören«, dann »Sich-Abstimmen« und schließlich »Zusammen-Spielen« in den Blick nehmen. Wer diese drei Prinzipien beachtet, für den haben Teamkonflikte ein Ende. Die Musik, die das Unternehmensorchester für die Kunden spielt, geht leicht von der Hand.

Alles beginnt damit, einander zuzuhören. Und damit fangen in den meisten Firmen auch schon die Probleme an. Als ich die Vorstandsmitglieder  **Einander zuhören ist der Anfang jeder Verbesserung.** bei »Men at Work« fragte, ob sie einander gut kennen, sagten alle: »Ja, na klar.« Doch als ich sie dann bat, einmal die besonderen Stärken jedes einzelnen Kollegen aufzuschreiben, fiel ihnen gar nichts ein. Sie hatten komplett keine Ahnung. Es war unglaublich! Wahrscheinlich hatten sie nie richtig zugehört. Wer ein besseres Team werden möchte, sollte deshalb im ersten Schritt die Stärken der anderen besser kennenlernen. Das geht nur, wenn alle lernen, einander zuzuhören.

Wenn Führungskräfte die Stärken ihrer einzelnen Mitarbeiter erkannt haben, dann können sie diese auch gezielt fördern. Ich lege allen Führungskräften nahe, die Stärken ihrer Mitarbeiter zu entwickeln und sie genau dort einzusetzen, wo sie am besten passen. Nicht nur von der funktionalen Rolle her, sondern vor allem im Hinblick auf die charakterliche Teamrolle. Es ist immens wichtig, dass jeder am für ihn richtigen Platz agiert. Nur so kommen Begeisterung und Leidenschaft bei der Arbeit auf. Eine Gitarre kann nun einmal keine Hornklänge produzieren. Und von einem kreativen Genie im Unternehmen darf kein Chef erwarten, dass es alle Details im Kopf hat und jeden Termin einhält. Da können aber andere Teammitglieder einspringen, denen das mehr liegt.

 SO SIND SIE IM TAKT

Fragen Sie sich einmal: Was sind meine eigenen Stärken und welche Stärken haben die anderen im Team? Welche Stärken möchte ich selbst entwickeln und welche sollten die anderen im Team entwickeln? Die Antworten werden Sie finden, wenn Sie sich selbst genau wahrnehmen und den anderen gut zuhören.

In seinen Studien fand Belbin heraus, dass Managementteams üblicherweise nach bestimmten funktionalen Anforderungen gebildet werden. Die Firma sucht zum Beispiel den besten Fachmann für Finanzen und macht ihn zum Finanzvorstand. Die Zusammenstellung des Führungsteams folgt keinem übergeordneten Gedanken. Dabei ist die Kompatibilität einzelner Mitglieder eines Managementteams der alles entscheidende Faktor für die Qualität der Resultate. Belbin konnte das in seinen jahrelangen Planspielen mit Topmanagern am Henley Management College nachweisen. Seine Erkenntnisse gelten nicht nur für Managementteams, sondern für jedes Team. Probleme in Managementteams wirken sich aber auf die gesamte Firma aus und sind deshalb besonders heikel.

»He say I know you, you know me,
One thing I can tell you
Is you got to be free«
The Beatles »Come Together«

Der erste Schritt für ein effektives Teambuilding besteht immer darin, mehr Informationen über die Menschen zu bekommen. Führungskräfte 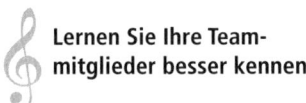 **Lernen Sie Ihre Teammitglieder besser kennen!** müssen herausfinden, welche orchestralen Eigenschaften ihre Teammitglieder haben und welche Instrumente insgesamt zur Verfügung stehen. Dann müssen sie analysieren, wie dieses Team aufgrund der vorhandenen Talente zusammenspielen kann und was oder wer zur vollen Leistungsstärke eventuell noch fehlt. Dabei sind die Ziele zu berücksichtigen, die in der nächsten Zeit erreicht werden sollen. Wo Stellen neu besetzt oder Projektteams neu gebildet werden, ist das relativ leicht. Beim Recruiting können Führungskräfte entsprechend »filtern«. Die meisten Unternehmen wollen jedoch mit ihren bestehenden Teams bessere Resultate erzielen.

Die gute Nachricht: Das klappt einfacher, als Sie jetzt vielleicht denken! Sobald Sie die Charakter-eigenschaften Ihrer Teammitglieder besser ken-  **Ein einziges neues Teammitglied – schon kann vieles anders sein.** nengelernt haben, können Sie schon durch kleine Umgruppierungen oder eine einzige Neubesetzung alles ändern. Nachdem der Vorstand von »Men at Work« nur ein neues Mitglied aufgenommen hatte, dessen Stärken Kommunikation, Kreativität und Begeisterungsfähig-keit waren, veränderte sich das komplette Betriebsklima. Ein prominentes Beispiel für einen ähnlich klugen Schachzug ist Eric Schmidt bei Google. Als der Suchmaschinenbetreiber immer größer wurde, machten die Gründer Sergey Brin und Larry Page einen Mann zum CEO, der sich schon äußerlich von den beiden kreativen Jungs stark unterschied: Mit korrektem Scheitel und stets im Anzug mit Krawatte schien der Ex-Industriemanager Schmidt auf den ersten Blick so gar nicht in das von Lässigkeit geprägte Silicon Valley zu passen. Doch er machte aus Google einen professionellen Konzern mit klaren Verant-wortlichkeiten. Genau das war nötig, um den Erfolg zu sichern.

Erst als die Innovationskraft nachließ und Google als zunehmend schwerfällig kritisiert wurde, räumte Eric Schmidt den Chefsessel und machte wieder Platz für einen der kreativen Gründer. Auch diese Ent-scheidung war genau richtig, denn jetzt fehlten nicht die Strukturen, sondern die neuen Ideen. Es gibt nie den besten Chef schlechthin.

Sondern es kommt immer auf die Umstände an und darauf, welche Ziele gerade im Vordergrund stehen. Versuchen Sie also nicht, am Reißbrett das »ideale Team« zu schaffen, sondern schauen Sie sich die Umstände und die aktuellen Herausforderungen an. Je besser Sie Ihre Mitarbeiter kennen, desto besser können Sie auch auf veränderte Bedingungen reagieren. Ihr Orchester spielt dann ein neues Stück, die Musiker haben andere Einsätze, es gibt andere Solisten – aber die Stärken jedes Einzelnen bleiben bestehen.

Früher lief das Geschäft ganz einfach. Die Zeitarbeitsfirma hatte in fast jeder Stadt Filialen. Unternehmen riefen dort an und sagten, welche Leute sie kurzfristig brauchten. Dann hängten die Mitarbeiter Aushänge in die Schaufenster. Arbeitssuchende meldeten sich und wurden an die Unternehmen vermittelt. Doch plötzlich werden kaum noch Zeitarbeiter gebraucht. Fachkräftemangel. Die Zeitarbeitsfirma könnte jetzt aufgeben. Aber die Mitarbeiter bilden ein super Team. Sie wollen weitermachen. Sie erfinden das Geschäft neu. Werden zum umfassenden Dienstleister für die Personalabteilungen. Holen Fachkräfte aus dem Ausland und vermitteln sie auf feste Stellen. Heute läuft das Geschäft wieder ganz einfach.

 **Nur starke Teams bewältigen die heutigen Herausforderungen.** Ohne Druck von außen würden viele Führungskräfte gar nicht so sehr darüber nachdenken, wie sie ihre Teams besser machen können. Es ist kein Zufall, dass Belbin seine ersten Erkenntnisse über das, was Teams erfolgreich macht, schon vor 30 Jahren hatte, aber die meisten Unternehmen erst heute wirklich daran interessiert sind. Vor 30 Jahren brummte die Wirtschaft auch so. Alles schien berechenbar. Effektivere Teams wären zwar möglich gewesen, aber die Ergebnisse mittelmäßiger Teams waren immer noch zufriedenstellend. Heute stehen wir vor ganz anderen Herausforderungen. Die Märkte haben eine enorme Dynamik gewonnen. Die Innovationszyklen werden immer kürzer. Unternehmen fusionieren, spalten sich auf und fusionieren aufs Neue. Immer weniger Arbeit findet in über Jahre gewachsenen Teams statt. An ihre Stelle treten Projektteams, die sich schnell bilden und schnell wieder auflösen.

Erst in unserer heutigen Situation merken wir, wie sehr Wirtschaft vom menschlichen Miteinander abhängt.  **Spitzenteams sind krisenfest und geben niemals auf.** Wir stehen vor ökonomischen und ökologischen Herausforderungen, die auch die begabtesten Individuen nicht mehr allein bewältigen können. Wir brauchen heute überall starke Teams. Nicht die finanziellen Ressourcen, sondern die menschlichen Ressourcen entscheiden darüber, welche Unternehmen in Zukunft die Nase vorn haben werden. Die ehemalige Zeitarbeitsfirma »Start People« hat es dank eines starken Teams geschafft, sich noch einmal neu zu erfinden. Hier war ein Spitzenorchester zu Hause. Die Musiker sagten sich: Okay, Zeitarbeit will keiner mehr – welches andere Stück können wir spielen? Was will der Markt jetzt von uns hören?

Mitarbeiter, die sich ihrer Stärken bewusst sind, geben so leicht nicht auf. Sie sind wie Virtuosen auf ihrem jeweiligen Instrument. Das heißt, sie kennen ihre charakterlichen Stärken und ihre bevorzugte Teamrolle und wissen, dass sie diese auf viele verschiedene Arten zum Nutzen des Unternehmens und seiner Kunden einsetzen können. Hat ein Team zum Beispiel mindestens einen hochgradig kreativen Mitarbeiter – in den folgenden Kapiteln bezeichne ich diesen als Gitarre –, so kann es ziemlich sicher sein, dass neue Ideen geboren werden, wenn das alte Geschäftsmodell nicht mehr zündet. Und wenn mindestens eine Trommel dabei ist, dann ist schon mal sichergestellt, dass das Tempo gehalten wird und die Arbeit nicht zu lange dauert. Wenn ein Orchester ein Stück spielen soll, das es bisher noch nie gespielt hat, dann muss es erst einmal üben. Dazu sind die Proben da. Auch Stücke, die ein Orchester lange nicht gespielt hat, werden neu einstudiert. Entscheidend ist: In einem Spitzenorchester fragt sich niemand vor der Probe, ob er das neue Stück überhaupt spielen kann. Alle wissen, dass sie jedes neue Stück spielen können.

Für Führungskräfte ist es wichtig, dass sie die unterschiedlichen Charaktere und Talente in ihrem Unternehmensorchester nicht nur erkennen,  **Talente erst erkennen – dann aktiv fördern** sondern aktiv fördern. Sie sollten ihre Teammitglieder dort »abholen«, wo sie jetzt im Augenblick stehen – mit allen Stärken, aber auch

Schwächen. Konzentrieren Sie sich zunächst einmal darauf, die Stärken zu erkennen und sich darüber auszutauschen. Wenn sich alle gut kennen und das Vertrauen gewachsen ist, besteht die Möglichkeit, auch über Schwächen zu reden. Das braucht aber seine Zeit. Als Führungskraft werden Sie dann auch erkennen, welche Teamrollen Sie nicht spielen wollen. Wenn zum Beispiel originelle Ideen nicht Ihre Stärke sind, konzentrieren Sie sich darauf, Mitarbeiter mit originellen Ideen zu fördern und am richtigen Platz einzusetzen. Je vielfältiger Ihr Team schließlich ist und je mehr Selbstvertrauen jedes Mitglied im Hinblick auf seine Stärken hat, desto widerstandsfähiger und krisenfester wird Ihr Unternehmen oder Ihre Abteilung werden.

So lernt Ihr Team, gemeinsam Musik zu machen

Jedes Instrument kann Mitspieler sein – oder Chef.  Wenn Sie bis hierhin gelesen haben, dann besitzen Sie schon eine gute Vorstellung davon, worum es im Rest dieses Buchs gehen wird. Sie werden erkennen, welche Instrumente – also Teamrollen – Sie selbst am besten beherrschen und welche am wenigsten. Dabei spielen Sie als Chef keine Sonderrolle. Sondern aus jeder Rolle heraus können Sie auch Chef sein. Geigen sind einfach auf andere Weise Chef als Trommeln. In diesem Sinn ist der »Born Leader« ein Mythos. Es gibt lediglich Instrumente, die mehr nach der Chefrolle drängen als andere. Sobald Sie Ihre eigenen Lieblingsinstrumente kennen, werden Sie im Kapitel »Acht Instrumente – acht Teamrollen« (S. 40) auch noch alle anderen kennenlernen. Sie wissen dann, welches »volle Orchester« Ihnen maximal zur Verfügung steht. In den folgenden Kapiteln werden Sie immer genauer verstehen, wie Sie Ihr ganz spezielles Orchester zusammenstellen, die richtigen Stücke für Ihre Kunden einüben und schließlich virtuos zusammenspielen.

Veränderung auf allen Ebenen durch gutes Zusammenspiel  Ich habe immer wieder erleben dürfen, wie in Unternehmen, die sich auf diesen Weg gemacht haben, fantastische Dinge geschehen sind. Bei »Men at Work« haben sich die Vorstandsmitglieder früher nur kritisiert und angeblafft: »Warum hast du diese Zahlen jetzt nicht?« oder

»Wie lange dauert das noch?«. Dieses Team spielte nicht zusammen, sondern machte nur Lärm. Nach einem Jahr schlugen die Manager dann plötzlich neue Töne an: »Wow, da hast du einen klasse Job gemacht« oder »Du schaffst das schon!«. Lob oder Ermutigung hatte es früher nie gegeben. Das neue Mitglied im Managementteam, das frischen Wind gebracht hatte, löste ein paar Jahre später sogar den Vorstandschef ab! Auch in anderen Unternehmen passierten kleine Wunder, sobald die Leute begannen, einander zuzuhören und sich auszutauschen. Wo früher nie über Privates gesprochen wurde, erkannten Teammitglieder plötzlich, welche guten Ratgeber ihre Kollegen auch bei persönlichen Problemen sind.

In einer Sonderschule für lernbehinderte Kinder, häufig mit ADHS, war das Zusammengehörigkeitsgefühl im Lehrerkollegium so groß, dass dieses Team sogar die Schließung der eigenen Schule überstand. Die Regierung wollte sparen und hatte beschlossen, die Sonderschulen dichtzumachen. Lernbehinderte Kinder sollten zukünftig in normalen Schulen unterrichtet und dort lediglich besonders betreut werden. Die 60 Lehrer der Schule sagten sich: Wir müssen diese brutale Tatsache akzeptieren. Aber wir geben nicht auf. Wir wollen weiter für die Kinder da sein. So wurde aus dem Lehrerkollegium kurzerhand ein Beraterteam, dessen Mitglieder heute von anderen Schulen angefordert werden können, wenn dort lernbehinderte Kinder besondere Hilfe brauchen.

Ob es diese Lehrer sind oder Topmanager, die einander plötzlich kennen und verstehen lernen, oder Verkäufer in einem Laden für Männersachen,  **Musik bringt Augen zum Leuchten – ein Spitzenteam auch.** die in einer verrückten Aktionswoche die Nächte durchmachen – sie alle haben etwas gemeinsam: Es ist dieses Leuchten in den Augen. Dasselbe Leuchten in den Augen hat ein Musiker eines Spitzenorchesters immer wieder, wenn er sein Instrument auspackt. Denn er hat sich für dieses eine Instrument entschieden und weiß, wie gut er es spielt. Möchten auch Sie ein Team haben, das mit Leichtigkeit und Freude zusammenspielt wie ein Spitzenorchester? Dann lesen Sie einfach weiter!

DA CAPO

♫ Bei der Entwicklung von Teams kommt es auf die charakterlichen Teamrollen der Mitglieder genauso an wie auf Fachkompetenz.

♫ Der erste Schritt zum Spitzenteam besteht darin, die charakterlichen Stärken jedes Mitglieds besser kennenzulernen.

♫ Unternehmen, in denen alle Mitarbeiter die passenden Teamrollen spielen, können flexibel auf neue Herausforderungen reagieren.

SCHNELLTEST: WELCHE TEAMROLLEN SPIELEN SIE SELBST AM BESTEN?

Dennis schlägt seit fünf Minuten auf die Trommel. Immer fester, immer lauter. Dabei strahlt der Vierjährige über das ganze Gesicht. Janina hat die Gitarre schon ausprobiert und ist jetzt neugierig auf die Harfe. Patrick sitzt auf dem viel zu großen Hocker vor dem Klavier, drückt vorsichtig eine Taste und erschrickt etwas über den satten Ton. Heute bekommen die Kinder sämtliche Instrumente erklärt. Und viele davon dürfen sie sofort ausprobieren. Alle sind total bei der Sache. Die Zeit vergeht wie im Flug.

In der musikalischen Früherziehung werden heute schon kleine Kinder an Instrumente herangeführt. Die Drei- bis Fünfjährigen dürfen einfach ausprobieren und Spaß haben. So bekommen sie spielerisch ein Gefühl für Rhythmen, Tonhöhen und Klangfarben. Das ist eine super Sache! Für kleine Kinder ist jedes Instrument erst mal spannend. Später entdecken die Kinder dann ihre Vorlieben. Einer mag am liebsten Gitarre üben, findet Geige aber auch nicht schlecht. Eine andere hat sich in die Harfe verliebt. Noch ein paar Jahre später ist wieder ein anderer dann Drummer in der Schülerband, während noch eine andere jeden zweiten Nachmittag zur Klavierstunde geht.

 Kinder probieren einfach mal aus …

Mit den charakterlichen Rollen in Gruppen ist es ähnlich wie mit Musikinstrumenten. Als Kinder und Jugendliche sind wir offen und probieren vieles aus. Wenn Kinder spielen, dann ist jedes Kind mal Cowboy und

 … während Erwachsene besser wissen, was sie können.

mal Indianer, mal Mutti und mal Baby, mal Ganove und mal Polizist. Beim Fußball auf dem Bolzplatz steht einer heute im Tor, agiert morgen im Mittelfeld und gibt nächste Woche den Verteidiger. Je älter wir werden, desto mehr entdecken wir unseren Charakter und unsere bevorzugten Rollen in einer Gruppe. Irgendwann zeigen sich bestimmte Muster: Eine sorgt in jedem Team für gute Laune, ein Zweiter nimmt meistens die Organisation in die Hand und ein Dritter erledigt auch die unangenehmen Aufgaben ruhig und zuverlässig.

> »I know the truth about you babe
> Where you've fallen, where you stand«
> Rosanne Cash »The Truth About You«

Das Orchesterspiel

Der Test zeigt Ihre Lieblingsrollen. In diesem Kapitel werden Sie mit einem Schnelltest erste Hinweise bekommen, welche charakterlichen Rollen Sie in Gruppen und Teams jeder Art am liebsten spielen. In der Regel liegen uns zwei oder drei Rollen ganz besonders. Wenn wir wissen, welche Rollen das sind, können wir sie in bestimmten Situationen bewusst einnehmen. Wir können diese Paraderollen weiter üben und darin immer besser werden. In zwei bis drei weiteren Rollen sind wir dagegen nicht besonders gut. Wenn wir diese Rollen ebenfalls kennen, werden wir dafür sorgen, dass wir andere im Team haben, die gerade in diesen Rollen stark sind und uns ergänzen. Die übrigen Rollen bewegen sich im Mittelfeld. Wir können sie zur Not einnehmen, zeichnen uns dabei aber nicht besonders aus und entfalten keine große Leidenschaft.

Weil »Test« so nach »Prüfung« und »Durchfallen« klingt, nenne ich meinen Schnelltest auch das »Orchesterspiel«. Für jede Teamrolle, die Dr. Meredith Belbin in seiner Teamforschung herausgefunden hat, gibt es bei mir ein Instrument, das als Metapher für genau diese Rolle steht. Insgesamt sind es acht Instrumente, die acht mögliche Team-rollen repräsentieren. Wenn Sie das Orchesterspiel gemacht haben, werden Sie für jedes Instrument eine Punktzahl haben. Die Instru-mente mit den höchsten Punktzahlen sind die Instrumente, die Sie im Moment am besten beherrschen und deshalb am liebsten spielen. Logisch.

Das Beste an diesem Test: »Durchfallen« ist un-möglich. Es gibt keine besseren oder schlechte-ren Ergebnisse, sondern es kommen nur unter-schiedliche Charaktereigenschaften, Talente und Vorlieben ans Licht.

 **Sämtliche Rollen sind gleichwertig.**

Es existiert nicht einmal ein Testergebnis, das Sie wie eine perfekte Führungskraft aussehen lassen würde. Je nachdem, welche Ziele Sie erreichen wollen und wen Sie sonst noch in Ihrem Team haben, kön-nen Sie mit jedem Instrument den Ton angeben, sprich: das Team führen. Die Musik kennt eben keine Gewinner und Verlierer – das ist das Schöne an ihr. Deshalb ist das Orchester so eine wunderbare Metapher für ein erfolgreiches Team.

Hinweis zum Schnelltest

Mein Orchesterspiel soll Spaß machen und Ihnen einen ersten, kon-kreten Anhaltspunkt für Ihre bevorzugten Teamrollen geben. Belbin-Kollegen mögen mir verzeihen, dass ich es hier nicht zu kompliziert machen möchte. Das Spiel in diesem Kapitel kann und will den ori-ginalen Belbin-Test nicht ersetzen. Sie können diesen sogenannten Interplace®-Test später jederzeit ergänzend machen. Gehen Sie dazu auf www.belbin.de oder kaufen Sie das Buch »Management Teams: Why they succeed or fail« von Meredith Belbin (leider nicht auf Deutsch erhältlich). Darin befindet sich eine Postkarte, die Sie an die Belbin-Organisation in England schicken. Sie erhalten dann kostenlos einen Link zum Online-Test sowie weitere Informationen. Am Schluss dieses Buchs unter »Zugabe« finden Sie eine Übersetzungstabelle für meine Bezeichnungen der Teamrollen und die Begriffe, die von der Belbin-Organisation verwendet werden. Die von Belbin später hinzu-gefügte Rolle »Spezialist« lasse ich in meinem Modell weg.

So funktioniert der Test

Noch bequemer geht es online unter richarddehoop.de.  Zunächst können Sie sich entscheiden, ob Sie den Test online oder hier im Buch auf Papier machen möchten. Das Orchesterspiel finden Sie im Internet unter www.richarddehoop.de. Wenn Sie den Test online machen, erhalten Sie Ihre Auswertung kostenlos per E-Mail. Auf den folgenden Seiten finden Sie dieselben Fragen zum Ankreuzen. In der anschließenden Tabelle addieren Sie selbst Ihre Punkte. Beantworten Sie die Fragen am besten spontan und ohne allzu lange darüber nachzudenken. Am Schluss sehen Sie für jedes Instrument Ihre Punktzahl. Im Kapitel »Acht Instrumente – acht Teamrollen« (S. 40) erfahren Sie dann, welcher Rollentyp sich hinter jedem der Instrumente verbirgt. Vielleicht werden Sie die Beschreibungen Ihrer Lieblingsinstrumente als Erstes lesen wollen.

Das Orchesterspiel besteht aus 48 Aussagen. Bitte kreuzen Sie jeweils an, in welchem Maß diese Aussagen auf Sie zutreffen. Geben Sie sich bitte Punkte bei sämtlichen Aussagen. Viel Spaß!

Wie stark treffen diese Aussagen auf Sie zu?

> **Kreuzen Sie bitte jeweils einen der vier Punktwerte an.**
>
> 0 Punkte = trifft gar nicht zu
> 10 Punkte = trifft ein wenig zu
> 20 Punkte = trifft stark zu
> 30 Punkte = das bin ich

1. ICH KANN IDEEN ANDERER FÜR JEDERMANN VERSTÄNDLICH DARSTELLEN.

☐ 0 Punkte   ☐ 10 Punkte   ☐ 20 Punkte   ☐ 30 Punkte

2. ICH KRIEGE DAS SCHON HIN.

☐ 0 Punkte   ☐ 10 Punkte   ☐ 20 Punkte   ☐ 30 Punkte

3. ICH BIN EIN SEHR SERIÖSER MENSCH.

☐ 0 Punkte   ☐ 10 Punkte   ☐ 20 Punkte   ☐ 30 Punkte

4. ICH HABE VIEL FÜR ANDERE MENSCHEN ÜBRIG.

☐ 0 Punkte ☐ 10 Punkte ☐ 20 Punkte ☐ 30 Punkte

5. ICH LIEBE DIE AKTION.

☐ 0 Punkte ☐ 10 Punkte ☐ 20 Punkte ☐ 30 Punkte

6. ICH BIN IMMER AUF DER SUCHE NACH ETWAS NEUEM.

☐ 0 Punkte ☐ 10 Punkte ☐ 20 Punkte ☐ 30 Punkte

7. ICH LIEBE ES, HINTER DEN KULISSEN DIE FÄDEN ZU ZIEHEN.

☐ 0 Punkte ☐ 10 Punkte ☐ 20 Punkte ☐ 30 Punkte

8. ICH KONZENTRIERE MICH IMMER NUR AUF DAS WESENTLICHE.

☐ 0 Punkte ☐ 10 Punkte ☐ 20 Punkte ☐ 30 Punkte

9. ICH BIN NICHT SICHER, OB ALLES IMMER LÄUFT, WIE ES SOLL.

☐ 0 Punkte ☐ 10 Punkte ☐ 20 Punkte ☐ 30 Punkte

10. ICH SORGE DAFÜR, DASS DER JOB ERLEDIGT WIRD.

☐ 0 Punkte ☐ 10 Punkte ☐ 20 Punkte ☐ 30 Punkte

11. KOMPLEXE SITUATIONEN SIND FÜR MICH IMMER GANZ KLAR.

☐ 0 Punkte ☐ 10 Punkte ☐ 20 Punkte ☐ 30 Punkte

12. ICH SPÜRE GENAU, WELCHE ATMOSPHÄRE IN EINER GRUPPE VORHERRSCHT.

☐ 0 Punkte ☐ 10 Punkte ☐ 20 Punkte ☐ 30 Punkte

13. RUHE UND BEHERRSCHUNG SIND EIN WESENTLICHTER TEIL VON MIR.

☐ 0 Punkte ☐ 10 Punkte ☐ 20 Punkte ☐ 30 Punkte

14. WENN ICH ETWAS HÖRE, DENKE ICH IMMER, WAS DAS FÜR DIE GRUPPE BEDEUTEN KANN.

☐ 0 Punkte ☐ 10 Punkte ☐ 20 Punkte ☐ 30 Punkte

15. ICH FÜHRE GERNE DISKUSSIONEN.

☐ 0 Punkte ☐ 10 Punkte ☐ 20 Punkte ☐ 30 Punkte

16. ES MACHT MIR SPASS, ÜBER NEUE DINGE NACHZUDENKEN.

☐ 0 Punkte ☐ 10 Punkte ☐ 20 Punkte ☐ 30 Punkte

17. ICH ÜBERLEGE LIEBER NOCH EINMAL, BEVOR ICH EINE ENTSCHEIDUNG TREFFE.

☐ 0 Punkte ☐ 10 Punkte ☐ 20 Punkte ☐ 30 Punkte

18. ICH MÖCHTE GERNE WISSEN, WAS DER PRAKTISCHE NUTZEN IST.

☐ 0 Punkte ☐ 10 Punkte ☐ 20 Punkte ☐ 30 Punkte

19. ICH STIMULIERE MENSCHEN GERN AUF EINE GEMÜTLICHE UND RUHIGE WEISE.

☐ 0 Punkte ☐ 10 Punkte ☐ 20 Punkte ☐ 30 Punkte

20. ICH MÖCHTE GERNE ALLES WISSEN, WAS DA SO VOR SICH GEHT.

☐ 0 Punkte ☐ 10 Punkte ☐ 20 Punkte ☐ 30 Punkte

21. ICH NEHME MEINE AUFGABEN ZIELBEWUSST IN ANGRIFF.

☐ 0 Punkte ☐ 10 Punkte ☐ 20 Punkte ☐ 30 Punkte

22. ES FÄLLT MIR LEICHT UND ICH LIEBE ES, NEUE KONTAKTE AUFZUBAUEN.

☐ 0 Punkte ☐ 10 Punkte ☐ 20 Punkte ☐ 30 Punkte

23. ICH KOMME MIT ALLEN MENSCHEN GUT AUS.

☐ 0 Punkte ☐ 10 Punkte ☐ 20 Punkte ☐ 30 Punkte

24. ICH BIN DER MEINUNG, DASS ICH MEINE AUFFASSUNG NICHT AUTOMA-TISCH AN DIE ANDERER ANPASSEN MUSS.

☐ 0 Punkte ☐ 10 Punkte ☐ 20 Punkte ☐ 30 Punkte

25. ICH KANN MIT BEGEISTERUNG ÜBER VIELFÄLTIGE THEMEN SPRECHEN.

☐ 0 Punkte ☐ 10 Punkte ☐ 20 Punkte ☐ 30 Punkte

26. ICH KENNE DIE REGELN UND PROZESSE IN UNSERER ORGANISATION SEHR GUT.

☐ 0 Punkte ☐ 10 Punkte ☐ 20 Punkte ☐ 30 Punkte

27. EINE ENTSCHEIDUNG IST ERST GUT, WENN MAN ALLE FAKTEN KENNT.

☐ 0 Punkte ☐ 10 Punkte ☐ 20 Punkte ☐ 30 Punkte

28. ES FÄLLT MIR SEHR LEICHT, MICH MIT NEUEN THEMEN UND IDEEN ZU BESCHÄFTIGEN.

☐ 0 Punkte ☐ 10 Punkte ☐ 20 Punkte ☐ 30 Punkte

29. ES IST MEIN BESTREBEN, UNSERE GRUPPENDISKUSSIONEN AUF UNSERE ZIELE ZU LENKEN.

☐ 0 Punkte ☐ 10 Punkte ☐ 20 Punkte ☐ 30 Punkte

30. ICH WEISS GENAU, WANN UND WIE ICH FRAGEN STELLEN MUSS.

☐ 0 Punkte ☐ 10 Punkte ☐ 20 Punkte ☐ 30 Punkte

31. ICH VERSUCHE IMMER, EVENTUELLE FEHLER IM VORFELD ZU ERAHNEN.

☐ 0 Punkte ☐ 10 Punkte ☐ 20 Punkte ☐ 30 Punkte

32. ICH HÖRE ANDEREN GERNE ZU.

☐ 0 Punkte ☐ 10 Punkte ☐ 20 Punkte ☐ 30 Punkte

33. ES FÄLLT MIR LEICHT, UNSERE GRUPPENENTSCHEIDUNGEN IN KLARE WORTE ZU FASSEN.

☐ 0 Punkte ☐ 10 Punkte ☐ 20 Punkte ☐ 30 Punkte

34. ICH LIEBE ES, NEUE IDEEN ZU ENTWICKELN. DIE BEARBEITUNG UND REALISIERUNG KANN DANN WARTEN.

☐ 0 Punkte ☐ 10 Punkte ☐ 20 Punkte ☐ 30 Punkte

35. ICH SEHE MIR IMMER ALLE SEITEN EINER GESCHICHTE AN.

☐ 0 Punkte ☐ 10 Punkte ☐ 20 Punkte ☐ 30 Punkte

36. FÜR DIE WÜNSCHE UND VORSTELLUNGEN ANDERER HABE ICH IMMER EIN OFFENES OHR.

☐ 0 Punkte ☐ 10 Punkte ☐ 20 Punkte ☐ 30 Punkte

37. UNTER DRUCK LAUFE ICH ZUR HÖCHSTFORM AUF.

☐ 0 Punkte ☐ 10 Punkte ☐ 20 Punkte ☐ 30 Punkte

38. ICH KANN IDEEN VON ANDEREN SEHR GUT ERGÄNZEN.

☐ 0 Punkte ☐ 10 Punkte ☐ 20 Punkte ☐ 30 Punkte

39. WENN ICH MIR SORGEN MACHE, KÜMMERE ICH MICH NOCH GENAUER UM DIE DINGE.

☐ 0 Punkte ☐ 10 Punkte ☐ 20 Punkte ☐ 30 Punkte

40. WENN ES ORDENTLICH LAUFEN SOLL, DANN LASST ES MICH MACHEN.

☐ 0 Punkte ☐ 10 Punkte ☐ 20 Punkte ☐ 30 Punkte

41. WENN DIE ANDEREN NICHT MEHR WEITERKOMMEN, HABE ICH IMMER EINE IDEE.

☐ 0 Punkte ☐ 10 Punkte ☐ 20 Punkte ☐ 30 Punkte

42. ICH FÜHLE MICH WOHLER, WENN ICH DIE FAKTEN UND ZAHLEN IM VORHINEIN KENNE.

☐ 0 Punkte ☐ 10 Punkte ☐ 20 Punkte ☐ 30 Punkte

43. ICH TUE GERNE DINGE FÜR ANDERE MENSCHEN.

☐ 0 Punkte ☐ 10 Punkte ☐ 20 Punkte ☐ 30 Punkte

44. ICH ERKENNE DIE SCHWACHSTELLEN IN EINEM PLAN IMMER SOFORT.

☐ 0 Punkte ☐ 10 Punkte ☐ 20 Punkte ☐ 30 Punkte

45. ICH SEHE IN FAST ALLEM ETWAS INTERESSANTES UND POSITIVES.

☐ 0 Punkte ☐ 10 Punkte ☐ 20 Punkte ☐ 30 Punkte

46. ICH ERKENNE DIE STÄRKEN UND SCHWÄCHEN VON TEAMMITGLIEDERN.

☐ 0 Punkte ☐ 10 Punkte ☐ 20 Punkte ☐ 30 Punkte

47. ICH WEISS GENAU, WIE DER HASE LÄUFT IN DIESER ORGANISATION.

☐ 0 Punkte ☐ 10 Punkte ☐ 20 Punkte ☐ 30 Punkte

48. WENN WIR DAS BESTE AUS MENSCHEN HERAUSHOLEN WOLLEN, MÜSSEN WIR SIE UNTER DRUCK SETZEN.

☐ 0 Punkte ☐ 10 Punkte ☐ 20 Punkte ☐ 30 Punkte

Auswertung

Haben Sie sich bei jeder Aussage 0, 10, 20 oder 30 Punkte gegeben?
Prima, dann geht es jetzt an die Auswertung!

Tragen Sie in der folgenden Tabelle einfach Ihren Punktwert zu jeder Aussage an
der angegebenen Stelle ein. Jede Spalte steht für ein Instrument. Errechnen Sie zum
Schluss die Summe jeder Spalte, und Sie erhalten Ihre Punktzahl für jedes der acht
Instrumente.

Aussage/ Punkt- wert	Aussage/ Punkt- wert	Aussage/ Punkt- wert	Aussage/ Punkt- wert	Aussage/ Punkt- wert	Aussage/ Punkt- wert	Aussage/ Punkt- wert	Aussage/ Punkt- wert
3 __	8 __	6 __	4 __	5 __	1 __	2 __	7 __
11 __	16 __	14 __	12 __	15 __	13 __	10 __	9 __
17 __	24 __	22 __	23 __	21 __	19 __	18 __	20 __
27 __	28 __	25 __	32 __	29 __	30 __	26 __	31 __
35 __	34 __	38 __	36 __	37 __	33 __	40 __	39 __
44 __	41 __	45 __	43 __	48 __	46 __	47 __	42 __
Summe:	Summe:	Summe:	Summe:	Summe:	Summe:	Summe:	Summe:
___	___	___	___	___	___	___	___
Harfe	Gitarre	Trompete	Geige	Trommel	Klavier	Bass	Horn

ACHT INSTRUMENTE – ACHT TEAMROLLEN

> »Thunder from a bass drum soundin'
> Lightnin' from a trumpet and an organ
> Bass and rhythm and trumpet double up«
> Linton Kwesi Johnson »Reggae Sounds«

Sind Sie eine typische Trommel oder bevorzugen Sie die leiseren Töne des Klaviers? Trompeten Sie Ihre Begeisterung heraus oder sorgen Sie als Bass erst mal für das solide Fundament? Liegen Ihnen schmelzende Geigenklänge oder eher die präzisen Einsätze des Horns? Sitzen Sie mit der Gitarre lässig am Lagerfeuer oder lieber aufrecht und konzentriert an der Harfe?

Das gesamte Spektrum Ihres Teams kennenlernen Wenn Sie das Orchesterspiel (Schnelltest im Kapitel »So funktioniert der Test« auf den Seiten 34 bis 39 oder unter www.richarddehoop.de) gemacht haben, dann kennen Sie jetzt Ihre zwei bis drei bevorzugten Instrumente. In diesem Kapitel erfahren Sie, welche Teamrollen sich hinter den Instrumenten als Metaphern verbergen. Sie erkennen, wie Sie sich im Team meistens verhalten und welche Rollen Ihnen mehr liegen als andere. Es lohnt sich, die Texte zu sämtlichen Teamrollen aufmerksam zu lesen. Denn so lernen Sie das gesamte Spektrum Ihres Teams kennen. Außerdem werde ich in den weiteren Kapiteln dieses Buchs die einzelnen Instrumente und Teamrollen als bekannt voraussetzen.

Lesen Sie die Text zu Ihren Lieblingsinstrumenten ruhig zuerst! Bestimmt sind Sie schon gespannt darauf. Alle Abschnitte dieses Kapitels sind gleich aufgebaut und können in beliebiger Reihenfolge gelesen werden. Wenn Sie die Charakterisierungen »Ihrer« Instrumente gelesen haben, wissen Sie schon eine Menge über Ihre Möglichkeiten im Team. Sofern Sie Führungskraft sind, können Sie auch etwas über Ihren Führungsstil dazulernen. Richtig spannend wird es, wenn auch andere Mitglieder Ihres Teams den Test gemacht haben. Genau wie es Streichorchester und Brassbands gibt, so sind auch manche Teams eher einseitig zusammengesetzt. Andere Teams sind ganz bunt.

Der tüchtige Bass

>>Hey Mr. Bass Man
You're the hidden king of Rock 'n' Roll<<
Johnny Cymbal >>Mr. Bass Man<<

Hartmut ist heute wieder mal der Erste in der Firma. Der Abteilungsleiter stellt seinen Passat auf dem Firmenparkplatz ab, geht ohne Umwege in sein Büro, fährt den Computer hoch und macht sich an die Arbeit. Plötzlich ein Anruf. In einem Lager in Niedersachsen hat es in der Nacht gebrannt. Der Werksleiter ist total durcheinander. Hartmut beruhigt seinen Kollegen erst einmal. Dann verspricht er, sich sofort mit der Versicherung in Verbindung zu setzen und alles zu regeln.

Der Bass ist ein praktisch eingestellter Mensch, der mit viel Selbstdisziplin ein hohes Arbeitspensum bewältigt. Er liebt es, Musikstücke aufzuführen. Die Noten dazu haben andere geschrieben. Dafür übernimmt der Bass gerne die Verantwortung für das Orchester. Ein starkes Pflichtgefühl treibt ihn an. Auf ihn können die anderen sich jederzeit verlassen. Was er verspricht, das liefert er auch pünktlich, meist sogar früher. Der Bass kann sehr gut organisieren, hat aber eher selten neue Ideen und macht auch nicht oft den ersten Schritt. Seine besondere Stärke ist es, Strategien und Pläne in konkrete Aktivitäten umzusetzen.

Der praktisch eingestellte, disziplinierte Arbeiter

Bässe klingen tief. Sehr, sehr tief. In der Musik sorgt der Bass für Rhythmus und Grundierung. Auf dieser soliden Basis können sich die verspieltesten Melodien entfalten. Auch für jedes Team ist der Bass eine Stütze. Sein Selbstbewusstsein und die Kontinuität seiner Arbeit wirken beruhigend auf andere. Unter Druck und in chaotischen Momenten ist der Bass meistens der Einzige, der den Überblick bewahrt. Wie ein Fels in der Brandung steht er da und regelt die Probleme. Das tut er sogar richtig gerne. Dafür darf man von einem Bass nicht erwarten, dass er das Betriebsklima ständig mit Späßen auflockert oder auf den Fluren Small Talk betreibt. Er ist ernst und lässt sich ungern von der Arbeit ablenken.

Als Bass im Team sollten Sie Ihr Organisationstalent dafür einsetzen, jedem einzelnen Teammitglied die Ziele deutlich und praktisch vor Augen zu führen. Entwickeln Sie jedoch auch ein offenes Ohr für die Anregungen und Impulse der anderen Teammitglieder, auch wenn Ihnen der praktische Nutzen eines Vorschlags nicht sofort klar ist. Arbeiten Sie auch an Ihrer Flexibilität, um auf veränderte Zielsetzungen entsprechend schnell reagieren zu können.

Stärken des Basses
- Selbstbeherrschung und Selbstdisziplin
- hoher Arbeitseinsatz, Belastbarkeit unter Druck
- praktischer, gesunder Menschenverstand
- Organisationstalent

Schwächen des Basses
- Mangel an Flexibilität bei plötzlichen Veränderungen
- wenig Offenheit für Ideen, deren Nutzen nicht sofort klar ist

Der Bass als Chef

Vorbild für die Mitarbeiter Das Wort »Bass« klingt ähnlich wie das niederländische »baas«, was »Chef« oder »Boss« bedeutet. Tatsächlich ist der Bass als Boss sehr gut einsetzbar. Mit seiner Selbstdisziplin und seinem Arbeitseinsatz ist er ein Vorbild für seine Mitarbeiter. Er bewahrt Ruhe und Überblick, hat die Organisation im Griff und macht weder Mitarbeitern noch Kunden falsche Versprechungen. Für die Mitarbeiter ist es ausgesprochen beruhigend, einen Bass als Chef zu haben. Er vermittelt ihnen viel Sicherheit. Ein Bass stellt sein Team gut durchdacht auf. Wo viel erledigt werden muss, häufig Probleme auftauchen und die Arbeit oft schwierig sein kann, ist der Bass genau der richtige Teamchef. Auch eine effiziente Verwaltung zu führen, zählt zu seinen Paradedisziplinen.

Gerade in den heutigen unruhigen Zeiten müssen sich Chefs jedoch öfter als früher auf Veränderungen gefasst machen. Darauf sollte sich  **Etwas mehr Offenheit und Flexibilität dürfen sein.** auch der Bass einstellen. Er hat hier meistens Nachholbedarf und muss sich auf Teammitglieder stützen, die mit Veränderungen besser umgehen können. Auch ist der Bass als Vorgesetzter nicht besonders offen für Innovationen und kreative Ideen, die auf den ersten Blick etwas verrückt klingen. Wenn seine Firma den Anschluss behalten will, dann sollte er genügend kreative Mitarbeiter oder Berater um sich scharen. Dem Bass tut es als Übung gut, sich ab und zu mal auf eine neue Musik oder einen ungewöhnlichen Film einzulassen.

 SO KLINGT EIN BASS

Bert van Marwijk, ehemaliger Trainer von Borussia Dortmund und ab 2008 Coach der niederländischen Fußball-Nationalmannschaft, ist ein typischer Bass. Der Praktiker am Spielfeldrand redet nicht viel, bringt seine Taktik aber erfolgreich auf den Platz. Seine Mannschaft spielt offensiven, temporeichen Fußball – der stets korrekt gekleidete van Marwijk genießt es mit einem feinen, kaum sichtbaren Lächeln. Bevor er Trainer wurde, zeigte der 1952 Geborene selbst hohen Einsatz: Als Mittelfeldspieler und Stürmer stand er insgesamt 390-mal in der höchsten niederländischen Spielklasse auf dem Platz. Alle Achtung!

Auch BMW-Chef Norbert Reithofer zeigt Bass-Qualitäten. Der zurückhaltende Ingenieur arbeitete 20 Jahre lang auf unterschiedlichen Posten bei dem Autobauer, bevor er 2006 an die Spitze rückte. Seine Ernennung wurde auch von den Gewerkschaften begrüßt, da Reithofer am Bewährten festhalten, niemanden entlassen und die Erfolgsgeschichte von BMW weiterschreiben wollte. In unseren unruhigen Zeiten verbreitet Reithofer gerne Zuversicht. Seinen Konzern sieht er sogar für einen stärkeren Wirtschaftsabschwung gut gerüstet. Bei aller Beharrlichkeit öffnete er sich aber auch für Innovationen im Bereich Ökologie und Nachhaltigkeit. Dafür wurde er 2011 zum »Manager des Jahres« gekürt.

Die begeisternde Trompete

»Lord, how I want to be in that number
When the trumpet sounds its call«
»When the Saints Go Marchin' In« (Gospel)

 *»Hallo! Guten Morgeeeeen!«, schallt es durch den Flur, als Antje die Firma betritt. Die Marketingleiterin hat einfach immer gute Laune. Ihre farbenfrohen Kleider und ihr Lächeln lassen auch nichts anderes erwarten. Heute will sie erst mal die neue Mitarbeiterin kennenlernen, bevor sie in ihr Büro geht. Sie ist schon sehr gespannt, wer das wohl sein mag. Danach bereitet sie sich noch kurz auf das Kreativmeeting um 11.00 Uhr vor. Antjes Bürotür bleibt die ganze Zeit offen.*

Die begeisterte, optimistische Entdeckerin Die Trompete ist eine Entdeckerin, die andere mit ihrer Begeisterung ansteckt. Ihre Lebenseinstellung ist durch und durch optimistisch. Sie liebt es, Ideen aufzunehmen. So entdeckt sie regelmäßig neue Musikstücke, variiert sie und führt sie vor wechselndem Publikum auf. Als extrovertierte Teamspielerin geht sie direkt auf Menschen zu und mag Geselligkeit in jeder Form. In der Freizeit ist eine Trompete manchmal ein regelrechtes »Party Animal«. Das ausgelassene Feiern hindert sie aber selten daran, auch am nächsten Tag im Büro wieder voll präsent zu sein. Im Team versteht es die Trompete wie niemand sonst, andere zu motivieren. Dabei kann sie sich verbal sehr gut ausdrücken.

Trompetenkonzerte haben in der Musik etwas Heiteres und Strahlendes. Die berühmtesten stammen von Haydn, Mozart und Torelli. Wer im Konzertsaal schon mal einnickt, wird beim Trompetensolo garantiert wieder wach! Trompeten sind eben nicht zu überhören. Sehen und gesehen werden, lautet ihre Devise, und überall vorne mit dabei sein. Bei aller Hoppla-jetzt-komm-ich-Mentalität sind Trompeten jedoch freundliche Menschen, die niemanden aggressiv zur Seite drängen und sich in Teams gut einfügen. Ihren Teamkollegen bieten sie immer wieder neue Impulse von außen. Manches davon ist jedoch mehr oder weniger unausgegoren. Machbarkeitsstudien sind die Sache der Trompete nicht.

Als Trompete im Team sollten Sie Ihre Begeisterung dafür einsetzen, alle zu motivieren, die gemeinsamen Ziele zu erreichen. Achten Sie aber darauf, dass sich ruhigere Teammitglieder durch Ihre Unbekümmertheit und Ihr rhetorisches Geschick nicht an den Rand gedrängt fühlen. Hüten Sie sich auch vor übertriebenem Enthusiasmus und bleiben Sie auch dann wachsam, wenn alles scheinbar wie von selbst läuft. Ihr gewisses Desinteresse an den Details und der Umsetzung von Plänen sollten andere Teammitglieder kompensieren.

Stärken der Trompete
- Begeisterung und Motivation
- Offenheit für Neues
- rhetorisches Geschick
- guter Umgang mit Menschen

Schwächen der Trompete
- Übermotivation und voreiliger Siegestaumel
- Nachlässigkeit

Die Trompete als Chef

  Wenn es vor allem darauf ankommt, eine topmotivierte, begeisterte Mannschaft zu haben, dann ist die Trompete der perfekte Chef. Die Trompete ist offen, jederzeit ansprechbar und zeigt ihren Mitarbeitern ganz deutlich, wie sehr sie den Umgang mit Menschen mag. Trompeten begeistern ihre Mitarbeiter und reißen sie mit. Manchmal verstehen sie es, andere Menschen regelrecht zu verzaubern. Einer Trompete wird es nie schwerfallen, das Unternehmen oder ein Produkt zu präsentieren oder als Redner mit einer Keynote zu begeistern. Trompeten sind als Chefs bei ihren Mitarbeitern in der Regel sehr beliebt. Sie führen an der »langen Leine« und lassen viel Freiheit und Eigenverantwortung.

Für die Zahlen und die Details andere einbinden  Chefs müssen jedoch auch dafür sorgen, dass Ideen konsequent umgesetzt und begonnene Projekte zu Ende geführt werden. Damit hat die Trompete deutliche Probleme. Sie bringt vieles auf den Weg, erwartet dann aber von anderen, dass sie etwas daraus machen. Auch achtet die Trompete manchmal nicht darauf, ob für ihre großartigen Ideen überhaupt genügend Ressourcen vorhanden sind. Trompeten können knapp am Größenwahn vorbeischrammen. Sie brauchen deshalb besonders starke, eigenverantwortliche Mitarbeiter, die ihre Ideen aufnehmen, kritisch prüfen und dann konsequent zum Erfolg führen. Auch beim Zahlen-Daten-Fakten-Teil, der zu jedem größeren Vorhaben gehört, braucht die Trompete Unterstützung von anderen.

 SO KLINGT EINE TROMPETE

Thomas Gottschalk ist für mich das Paradebeispiel einer Trompete. Auffällig gekleidet führt er immer lachend und positiv durch seine Sendungen. Seine Karriere begann, als es im deutschen Fernsehen noch total steif zuging. Gottschalk saß schon damals locker auf dem Sofa und hatte immer einen flotten Spruch parat. Vieles wirkt bei ihm improvisiert – und ist es wahrscheinlich auch. Gewissenhafte Vorbereitung ist Gottschalks Sache nicht.

Details über seine Gäste hat er deshalb nicht immer parat, aber die Zuschauer nehmen das entweder gar nicht wahr oder sehen wohlwollend darüber hinweg. An seiner großen Beliebtheit können kleine Fehler nichts ändern.

 Regine Sixt ist bei Deutschlands größter Autovermietung für das Marketing verantwortlich. Dem von ihr kreierten Kundenmagazin »GO« hat sie das Motto »Relax & Discover« gegeben. Und eine entspannte Entdeckerin ist Regine Sixt auch selbst. Alles Strategische im Unternehmen überlässt sie ihrem Mann Erich Sixt. »Ich habe die Rolle der Markenbotschafterin übernommen«, verrät sie der Fachzeitschrift W &V. »Ich bin überall dort, wo ich Sixt nützlich sein kann. Deshalb bin ich auch Mitglied in annähernd 100 Organisationen und Vereinen.« Am liebsten umgibt sich die immer strahlende Managerin mit Prominenten: Hollywoodstars, Sportler, Politiker, TV-Moderatoren, Künstler, Musiker. Als Organisatorin der »Damenwies'n« auf dem Münchner Oktoberfest pflegt die gelernte Dolmetscherin ihr Frauen-Netzwerk. Oder sie fährt im Cabrio zur Bergexpedition, um Mitarbeiter aus 100 Ländern zu motivieren.

Die energische Trommel

> »Bang a drum bang it loudly
> Or as soft as you need«
> Jon Bon Jovi »Bang a Drum«

Vroooom! So röhrt Astrids Porsche, als sie noch mal Gas gibt und dann punktgenau auf dem für die Chefin reservierten Parkplatz zum Stehen kommt. Mit der linken Hand hält sie ihr iPhone ans Ohr, während sie mit der rechten alles andere macht: lenken, schalten, Auto verriegeln, Tasche tragen, Türen öffnen … Einige Mitarbeiter grüßt Astrid mit einem knappen Nicken, andere ignoriert sie. Nur als sie Markus aus dem Vertrieb sieht, unterbricht sie ihr Telefonat kurz. Er soll bitte sofort in ihr Büro kommen. Sie hatte gestern spätabends noch eine Idee.

Die aktive, willensstarke Tempomacherin  Trommel ist eine echte Tempomacherin. Aktiv und willensstark gibt sie im Orchester den Takt vor. Damit sorgt sie permanent für Spannung. Von anderen verlangt die Trommel grundsätzlich viel – jedoch niemals mehr, als sie auch selbst zu leisten bereit ist. Der Handlungsdrang der Trommel scheint sich aus einer unerschöpflichen Quelle zu speisen. Trommeln stehen ständig unter Strom und arbeiten am effektivsten unter Zeitdruck. Nachts und am Wochenende durchzuarbeiten, ist für eine Trommel kein Problem. Am folgenden Montag ist sie um 7.00 Uhr im Büro und macht weiter. Eine Trommel denkt schnell, redet schnell und erwartet, dass man sie auch schnell versteht – und sich dann an die Arbeit macht. Auf Nachfragen reagiert sie genervt.

Die Trommel kommt im Orchester zum Einsatz, wenn *presto* gespielt werden soll und wenn der volle Orchesterklang gefragt ist. Zum Beispiel im Finale von Beethovens Neunter. Auch im Unternehmen ist die Trommel kaum zu überhören: Sie stürmt durch die Flure, spricht Anweisungen ins Mobiltelefon, legt ihre neuesten Ideen dar oder redet einfach nur drauflos. Ihr Motto lautet: »Get it done.« So treibt sie Projekte zügig voran und sorgt dafür, dass ehrgeizige Zeitpläne eingehalten werden. Widerstände kann die Trommel nur schwer ertragen. Deshalb legt sie auch Regeln und Gesetze gerne »flexibel« aus. Auch wenn jemand bei ihrem Tempo nicht mitkommt, ist ihre Geduld begrenzt.

Als Trommel im Team sollten Sie sich darauf konzentrieren, die gesamte Mannschaft zur Leistung anzuspornen. Mit Ihrer Risikofreude und Ihrer Energie schreiten Sie dort mutig voran, wo andere sich nicht recht trauen. Achten Sie aber darauf, Ihre Teamkollegen nicht ständig vor den Kopf zu stoßen. Entwickeln Sie »emotionale Intelligenz« und hüten Sie sich davor, permanent Streit anzuzetteln, der das Team vom gemeinsamen Ziel ablenkt.

Stärken der Trommel

- hohe Motivation und Handlungsorientierung
- Power und Durchhaltevermögen
- ausgeprägtes Selbstbewusstsein
- Risikofreude und Kampfgeist

Schwächen der Trommel

- Ignoranz gegenüber Bedenken und alternativen Vorschlägen
- Ungeduld und Streitlust

Die Trommel als Chef

Wenn die Trommel *nicht* Chef ist, dann will sie es möglichst schnell werden. Und wenn sie es nicht werden kann, dann benimmt sie sich trotzdem  **Starke Persönlichkeit, die vorangeht**
so, als sei sie der Chef. Viele Mitarbeiter werden in der Trommel tatsächlich die »natürliche« Führungskraft sehen. Starker Auftritt, hohes Tempo, Leitungsbereitschaft und Risikofreude, ausgeprägtes Selbstbewusstsein sowie der unbedingte Wille, Sieger zu sein, machen aus der Trommel oft eine Führungspersönlichkeit. Trommeln als Chefs sind unermüdliche Arbeiter, die als Erste kommen und als Letzte gehen. Je weniger Zeit sie für eine Aufgabe haben, desto glanzvoller fällt das Ergebnis aus. Manchmal verbreiten sie aber auch Angst und Schrecken unter ihren Mitarbeitern. Und das verschlechtert die Ergebnisse.

Meredith Belbin stellte bei seiner Arbeit am Henley Management College fest, dass die Rolle, die ich als »Trommel« bezeichne, an der Spitze von  **An der Sozialkompetenz arbeiten**
Unternehmen stark überrepräsentiert ist. Geborene Chefs also? Hier kommt der Haken: Belbin fand gleichzeitig heraus, dass der Trommel-Chef in Reinkultur nie optimale Ergebnisse erzielt. Obwohl ein solcher Chef felsenfest von sich und seiner Leistung überzeugt ist. Um der besseren Resultate willen sollten Trommeln an der Spitze deshalb lernen maßzuhalten. Sie sind erfolgreicher und bringen ihre Firma seltener in Gefahr, wenn sie mehr Sozialkompetenz entwickeln sowie Leute ins Team holen, die verbindlicher und diplomatischer auftreten.

SO KLINGT EINE TROMMEL

Steve Ballmer, der langjährige Chef von Microsoft, verhält sich wie eine typische Trommel an der Spitze eines Unternehmens. Mittlerweile legendär ist jener Auftritt, den Ballmer im Jahr 2005 vor Hunderten Mitarbeitern hinlegte. Statt seine Präsentation zu beginnen, rannte er zu peitschenden Elektro-Beats eine Minute lang auf der Bühne hin und her, schrie aus vollem Hals »Yeah!« und »Come ooooon!«, tobte und gestikulierte, bis die Zuhörer fast ausflippten. Dann trat er atemlos ans Mikrofon und sagte: »I have four words for you: I – love – this – company!« Jetzt kochte der Saal. Tatsächlich identifiziert sich Ballmer total mit Microsoft und reibt sich für die Firma auf. Der Manager mit der Statur eines Schwergewichtsboxers ist ebenso bekannt für seine aggressiven und beleidigenden Bemerkungen über die Konkurrenz. Eine Trommel eben!

Auch der deutsche Manager Hartmut Mehdorn trommelt gern. »Zack, zack, zack – nur wenige Manager drücken so gerne aufs Tempo«, schreibt die Financial Times Deutschland über Mehdorn. Und weiter: »Schon in seiner Zeit als Vorstandschef der Deutschen Bahn war sein Vorwärtsdrang legendär. Als Chef von Air Berlin schraubt er die Geschwindigkeit noch höher, was nicht nur am Jet-Antrieb liegt. Die Fluggesellschaft darf keine Zeit mehr verlieren, denn sonst drohen schwere Turbulenzen.« Wo schnelles Handeln erforderlich ist, um eine Firma zu retten, ist eine Trommel an der Spitze tatsächlich genau richtig. Schon als Bahnmanager hatte Mehdorn als Dekoration im Büro den Steuerknüppel einer MiG. Den Kampfjet war er einmal während einer Russlandreise eigenhändig geflogen. »Endlich mal ein ausreichend schnelles Fortbewegungsmittel«, wird die Trommel Mehdorn sich da gedacht haben …

Das vielseitige Klavier

> »Piano man he makes his stand
> In the auditorium«
> Elton John »Tiny Dancer«

Erst gegen Mittag kommt Seniorchef Johannes in die Firma. Er hat den Tag mit Qigong begonnen, sich dann ein wenig um seine gemeinnützige Stiftung gekümmert und betritt nun mit festem Schritt sein Büro. Das Tagesgeschäft hat er schon lange an seine Tochter Astrid delegiert. Doch an einem wichtigen Meeting, wie dem heute um 14 Uhr, will er unbedingt teilnehmen. Die meiste Zeit wird er nur zuhören, aber einen besonders positiven Vorschlag sofort unterstützen. Am Abend geht es dann zur Vernissage eines Künstlers, den Johannes seit Jahren fördert.

Das Klavier ist ein positiver, ergebnisorientierter Moderator und Koordinator. Es ist ausgesprochen vielseitig und strahlt natürliche Autorität **Der positive, ergebnisorientierte Moderator** aus. Ein Klavier hat grundsätzlich alles im Griff. Es unterstützt das Team und behält die Ziele im Blick. Das Klavier weiß, wie man Projekte leitet und Mitarbeiter richtig einsetzt. Dabei tritt es nie dominant auf, sondern bevorzugt die leisen Töne. Es kann sich sogar selbst total zurücknehmen und sich die Ideen der anderen Teammitglieder erst einmal anhören, ohne diese sofort zu bewerten. Aus diesen Inputs wählt es dann die passenden Ideen aus – jedoch so, dass auch Teammitglieder sich wertgeschätzt fühlen, deren Vorschläge abgelehnt werden.

Auf einem Klavier lassen sich ganze Sinfonien zu Gehör bringen – es deckt das gesamte klangtechnische Spektrum ab. Auch lässt sich jedes Lied auf dem Klavier begleiten. Klaviere stehen dementsprechend im Unternehmen für Vielseitigkeit und die Fähigkeit, andere zu fördern. Sie wollen überall integrieren und jeden sein volles Potenzial entfalten lassen. Das ehrliche, authentische Klavier setzt dabei auf wechselseitiges Vertrauen. Eine weitere Stärke des Klaviers liegt im Blick auf das große Ganze. Indem es die Kreativität der anderen aktiviert, lässt es vergessen, dass es kaum eigene, schon gar keine außergewöhnlichen Ideen hat. Unangenehme Arbeiten delegiert das Klavier gern und missbraucht dafür auch schon einmal sein Ansehen.

Als Klavier im Team sollten Sie Verantwortung übernehmen und dafür sorgen, dass sich alle mit ihren Talenten zum Erreichen des Ziels einbringen. Ihre natürliche Autorität und Ihre starke Ausrichtung auf praktische Resultate helfen Ihnen dabei. Achten Sie jedoch unbedingt darauf, dass es genügend neue Ideen gibt. Weichen Sie außerdem unangenehmen Situationen nicht aus, sondern bleiben Sie standhaft. Nicht alles lässt sich an andere delegieren.

Stärken des Klaviers
- natürliche Autorität
- Überzeugungskraft gegenüber dem Team
- Ergebnisorientierung
- Toleranz und diplomatisches Geschick

Schwächen des Klaviers
- Mangel an originellen Ideen
- manchmal manipulativ

Das Klavier als Chef

Überzeugende Autorität ohne Machtgehabe Das Klavier besitzt Autorität, ohne arrogant zu wirken. Dadurch ist es bei seinen Mitarbeitern sowohl angesehen als auch beliebt. Eine schöne Kombination für eine Führungskraft. Das Klavier drängt sich selten nach der Chefrolle, kann anderen den Vortritt lassen und ist deshalb oft auch nur die Nummer zwei im Unternehmen oder im Team. Wo das Klavier aber der Chef ist, versteht es sich mehr als Moderator und Koordinator denn als typischer Boss. Es möchte seine Mitarbeiter überzeugen, statt ihnen seinen Willen aufzuzwingen. Auch will das

Klavier alle vorhandenen Ressourcen des Teams nutzen und jeden an seinem bestmöglichen Platz sehen. Dabei hat das Klavier sein Team im Griff, ohne dominant auftreten oder gar drohen zu müssen.

Belbin fand heraus, dass Chefs in der Rolle, die ich als »Klavier« bezeichne, auffällig oft die besten Ergebnisse erzielen. Sie setzen nun einmal  **Hat keinen Grund, sich zu verstecken** erfolgreich auf die Synergie des gesamten Teams. In der Praxis werden sie dennoch kaum als die »typischen Chefs« wahrgenommen, weil sie nicht in die erste Reihe drängen. Seit ein paar Jahren beginnt sich hier jedoch einiges zu ändern. Führungskräfte, die mehr Moderatoren und Koordinatoren als autoritäre Herrscher sein wollen – darunter viele Frauen –, haben mit ihrem kooperativer Führungsstil Erfolg und gelangen verstärkt an die Spitzen der Unternehmen und Abteilungen.

 SO KLINGT EIN KLAVIER

Der »Kaiser« Franz Beckenbauer ist nach meiner Einschätzung ein sehr schönes Beispiel einer Persönlichkeit und Führungskraft mit ausgeprägten Klavierqualitäten. Seine Fähigkeit, Menschen zu überzeugen und von ihnen automatisch als Autorität anerkannt zu werden, hat sicher viel dazu beigetragen, die Fußball-Weltmeisterschaft 2006 nach Deutschland zu holen. Doch auch schon während seiner Zeit als Spieler zeigte sich Beckenbauer als Klavier: Er war der »Spielverteiler« im Mittelfeld, der immer dafür sorgte, dass der Ball dorthin kam, wo es nach vorn gehen konnte. Weil er so ein schönes Beispiel für ein Klavier ist, bin ich auch fast geneigt, Beckenbauer und der deutschen Nationalmannschaft zu vergeben, was sie »Oranje« im Finale der WM 1974 in München angetan haben. Aber nur fast …

 Viele Klaviereigenschaften zeigt auch Liz Mohn. Auf ihrer Visitenkarte steht nur ihr Name – doch auch ohne Jobtitel weiß jeder, dass er es mit der Frau zu tun hat, die bei einem der größten Medienkonzerne das letzte Wort hat. Die Bezeichnung »Königin von Bertelsmann« mag Liz Mohn gar nicht. Bestenfalls nennt sie sich »Familiensprecherin«.

Nicht nur der Konzern liegt ihr am Herzen, sondern fast mehr noch ihr vielfältiges gesellschaftliches Engagement. Seit ihrer Eheschließung mit dem verstorbenen Firmenpatriarchen Reinhard Mohn trifft sie internationale Persönlichkeiten, deren Ideen sie inspirieren. Diese Ideen setzt sie dann mithilfe von Experten um: »Durch eine Begegnung mit Herbert von Karajan bin ich zur klassischen Musik gekommen«, erzählt sie etwa. Daraus wurde später der renommierte Wettbewerb »Neue Stimmen«. In der Bertelsmann Stiftung, die die Mehrheit an der Bertelsmann AG hält, leitet Liz Mohn persönlich die Abteilung Kultur (Quelle: n-tv.de).

Die kreative Gitarre

> »I was always a fool for my Johnny
> For the one they call Johnny Guitar«
> Peggy Lee »Johnny Guitar«

Entwicklungsingenieurin Nelly ist wie jeden Morgen mit dem Liegefahrrad in die Firma gekommen. Während sie durch die Flure in Richtung ihres Büros trottet, hat sie ihren orangenen Fahrradhelm noch auf dem Kopf. Als Martin, der Produktionsvorstand, sie abfängt, erschrickt Nelly, als ob sie in einer dunklen Gasse überfallen werden würde. Dabei will Martin nur den Stand bei der Zeichnung eines neuen Bauteils wissen. Jetzt redet Nelly wie ein Wasserfall. Doch Martin kapiert maximal die Hälfte …

Die originelle, kreative Initiatorin

Die Gitarre ist eine originelle, kreative, manchmal einseitige Initiatorin. Sie liebt es, neue Musikstücke zu komponieren. Die Aufführung überlässt sie anderen. Damit ist sie die ideale Produktentwicklerin oder Designerin. Sie kann aber auch Ideengeberin für das strategische Management sein. Visionäre Unternehmer und Topberater haben oft einen hohen Gitarrenanteil. Die erste Reaktion auf einen Vorschlag einer Gitarre lautet oft: »Daran haben wir noch gar nicht gedacht.« Wichtig für die anderen ist es jetzt, die Idee der Gitarre ernst zu nehmen. Alle großen Produktinnovationen begannen schließlich einmal als total verrückte Ideen. Kritische und mehr umsetzungsorientierte Teammitglieder haben aus den Ideen der Gitarren dann marktfähige Produkte gemacht.

Stücke für Gitarre und Orchester hört man im Konzertsaal nur selten. Das vielleicht berühmteste stammt von dem Spanier Joaquín Rodrigo. Viel öfter sieht man die Gitarre als Soloinstrument. Da sitzt einer stundenlang mit der Gitarre am Strand und ist ganz in die Musik versunken. Tatsächlich lebt die Gitarre im Team oft in ihrer eigenen gedanklichen Welt. Dummerweise schafft es die Gitarre zudem selten, ihre Ideen allgemein verständlich darzulegen. Durch ihren abstrakten Kommunikationsstil wird sie schnell zur Außenseiterin im Team. Andere Teammitglieder sollten ihr deshalb mit viel Toleranz und Aufmerksamkeit begegnen. Sie werden dafür immer wieder mit großartigen Ideen belohnt werden.

Als Gitarre im Team sollten Sie Ihr kreatives Talent in den Dienst des Teams und seiner Ziele und Strategien stellen. Auf diese Weise werden Sie viel Anerkennung erfahren. Suchen Sie sich am besten Verbündete, die ihre Ideen schnell aufnehmen und sie auch anderen, weniger innovationsfreudigen Teammitgliedern vermitteln. Üben Sie Geduld mit anderen und hüten Sie sich davor, sich gekränkt zurückzuziehen, wenn Sie nicht sofort verstanden werden.

Stärken der Gitarre
- hohe produktive Intelligenz
- ausgeprägte Kreativität
- viel Fantasie
- hohes Abstraktionsvermögen

Schwächen der Gitarre
- wenig kommunikatives Talent
- Praxisferne und Ungeschicklichkeit

Die Gitarre als Chef

Ständige Quelle der Inspiration  Die Gitarre als Chef ist außerordentlich inspirierend für alle Mitarbeiter. Viele werden es genießen, einen so außergewöhnlichen Menschen als Vorgesetzten zu haben und vom ständigen Fluss seiner Kreativität angesteckt zu werden. Auch als Chef bleibt die Gitarre immer der kreative Geist. Sie kann ihrer Rolle dann am besten gerecht werden, wenn ihre Ideen von den anderen Teammitgliedern verstanden, verfeinert und in die Praxis umgesetzt werden. Dabei neigt die Gitarre allerdings zu einem gewissen Misstrauen. Sie hat sehr klare Vorstellungen und beobachtet kritisch, wie andere damit umgehen.

Toleranz üben und Strukturen schaffen Das Genie beherrscht das Chaos – das könnte ein Motto der Gitarre sein. Solange Gitarren für sich allein sind, kommt das auch hin. Als Chefs müssen sie jedoch ihr Team im Griff haben. Dazu sollten Gitarren lernen, Strukturen zu schaffen und andere ergänzend einzubeziehen. Eine Gitarre als Chef braucht auch unbedingt Toleranz. Nie werden alle im Team ihre genialen Ideen sofort verstehen oder gebührend wertschätzen. Noch seltener wird das im Team umgesetzte Ergebnis zu 100 Prozent der Ursprungsidee entsprechen. Gitarren sollten lernen, das zu akzeptieren, und sich lieber auf die nächste Idee konzentrieren.

 SO KLINGT EINE GITARRE

Steve Jobs war eine typische Gitarre an der Spitze eines Unternehmens. Der geniale Visionär und Vorreiter machte mit seinen Ideen aus Apple eine der wertvollsten Marken der Welt. Jobs war ungeheuer kreativ, unabhängig und manchmal übermütig. Seine Erfolge gaben ihm stets recht. Doch für seine Mitarbeiter war der Umgang mit ihm nicht nur angenehm. Er hatte klare Vorstellungen, wie die kleinste Schraube seiner Produkte auszusehen hat, und verlangte, dass seine Vorgaben exakt umgesetzt werden. Seine Ungeduld und seine Neigung zu Wutausbrüchen machten ihn trotz aller öffentlichen Bewunderung zum Einzelgänger.

Über sein Privatleben redete er so gut wie nie. Dafür besprach er noch kurz vor seinem Tod mit den engsten Mitarbeitern seine Produktideen für die kommenden Jahre.

Eine weitere Gitarre, die ein Firmenimperium aufbaute, ist Walt Disney. Der begnadete Zeichner wusste in den 1920er-Jahren, welche große Zukunft das Kino haben würde, und begann, Trickfilme zu zeichnen. Der Durchbruch als Unternehmer war aber erst möglich, als Walt Disneys Bruder sich um Finanzen und Organisation kümmerte und mit Ub Iwerks ein umsetzungsorientierter Art Director ins Team kam. Mit Micky Maus stellte sich dann der erste Welterfolg ein. Walt Disney blieb ein Quell der Ideen an der Spitze der nach ihm benannten Firma. So erfand er den abendfüllenden Dokumentarfilm und erweckte in Disney World seine Zeichentrickfiguren zum Leben. Auch Disney hatte eigenartige Schattenseiten. In den 1950er-Jahren zum Beispiel fühlte er sich vom Kommunismus verfolgt und denunzierte viele Mitarbeiter und Kollegen als angebliche Kommunisten beim FBI. Eine Gitarre kann manchmal eben leicht paranoid sein.

Die faktenorientierte Harfe

»Uh she moves in silence
Then whispers to me
Sets my soul harp on fire«
The Cult »Sweet Salvation«

Erna ist in die Firma gekommen – und es hat wieder mal niemand mitgekriegt. Jeden Morgen nimmt die Controllerin die S-Bahn und läuft die restlichen 800 Meter zu Fuß. Warum das Auto nehmen, wenn die Öffentlichen viel billiger und ökologischer sind? Da der S-Bahnhof hinter der Firma liegt, kommt Erna durchs Lager statt durch den Haupteingang. Das spart vier Minuten, sie hat es gemessen. Jetzt brütet Erna seit drei

Stunden über Tabellen und Charts. Sie schüttelt den Kopf. Eine Um-
schichtung der liquiden Mittel scheint ihr überfällig!

Die kritische, ernsthafte
Denkerin

Die Harfe ist eine kritische, ernsthafte Denkerin mit ausgeprägten analytischen Fähigkeiten. Sie liebt es, Musikstücke zu untersuchen und zu interpretieren. Harfen haben im Unternehmen das berühmte »ZDF«, also die Zahlen, Daten und Fakten, fest im Blick. Sie analysieren jedoch nicht nur Finanzdaten, sondern durchleuchten auch jede neue Idee und jeden Vorschlag kritisch. Auch bei Problemen ist es meistens die Harfe, die die Lösung findet. Je komplizierter das Problem ist, desto mehr Ehrgeiz entwickelt diese unermüdliche Denkerin. Das Einzige, was sie dazu dringend braucht, ist Zeit. Schnelle Beschlüsse und blinder Aktionismus sind der Harfe ein Gräuel. Manche Teammitglieder stempeln sie deshalb leider als Bremser oder Bedenkenträger ab.

Auch im Orchester ist die Harfe ein Instrument, das Zeit und Ruhe braucht, um seinen Klang voll zu entfalten. Spielt ein Orchester *fortissimo*, dann ist eine Harfe kaum noch zu hören. Im Unternehmen tun vor allem die Kreativen und die Tempomacher gut daran, auf ihre Harfen achtzugeben. Harfen durchschauen alles und analysieren die Konsequenzen jeder Entscheidung bis ins Detail. Strategieentwicklung liegt einer Harfe ebenso wie die akribische Kontrolle der Ergebnisse. Manchmal sind Harfen jedoch überkritisch und übervorsichtig. Auch verabscheuen sie Hypothesen und Spekulationen. Sie möchten ihre Urteile ausschließlich auf der Basis von Fakten fällen.

Als Harfe im Team sollten Sie Ihre Fähigkeit zur Problemanalyse dazu nutzen, die anderen Teammitglieder vor Fallgruben zu bewahren und auf verborgene Potenziale hinzuweisen. Zweifeln Sie nicht an sich selbst, sondern greifen Sie ein, wenn etwas schiefzugehen droht oder etwas viel effizienter und effektiver erledigt werden könnte. Lassen Sie aber auch Teammitglieder gewähren, die experimentierfreudiger und risikobereiter sind als Sie.

Stärken der Harfe

- kritisch-analytisches Denkvermögen
- Faktenorientierung
- hohe Problemlösungskompetenz
- Fähigkeit, strategisch zu denken

Schwächen der Harfe

- kühle Distanz
- mangelnde Risikobereitschaft

Die Harfe als Chef

Harfen als Chefs sind besonnene Strategen, die  alle Konsequenzen genau bedenken, bevor sie Entscheidungen treffen. Für eine ganze Fülle von Führungspositionen sind sie damit genau die richtige Besetzung. Sie werden niemals überhastete Entscheidungen treffen und stets für Sicherheit sorgen. Weil es »die« Harfe heißt, könnte der Eindruck entstehen, dass Harfen oft weiblich sind. Tatsächlich ist die Rolle der Harfe jedoch eine Männerdomäne. Dort, wo es auf Zahlen, Daten und Fakten besonders ankommt, zum Beispiel bei Banken und Versicherungen, in der öffentlichen Verwaltung oder im Anlagenbau, sind Harfen sehr oft Führungskräfte.

Management bedeutet jedoch immer auch, 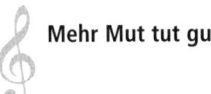 schnell Entscheidungen zu treffen und in Krisensituationen mutig voranzugehen. Hier schwächelt die vorsichtige Harfe. Auch verstehen es Harfen nicht gerade meisterhaft, ihre Mannschaft zu motivieren. Sie wirken oft unterkühlt bis gelangweilt auf andere. Die Harfe als Chef sollte deshalb an der richtigen Balance zwischen Auf-Nummer-sicher-Gehen auf der einen Seite und Mut, Entschlossenheit und Risikobereitschaft auf der anderen Seite arbeiten.

SO KLINGT EINE HARFE

Gerrit Zalm war lange Jahre Finanzminister der Niederlande und ist für mich eine typische Harfe als Führungskraft. Der Volkswirt bekam nach seinem Examen eine Stelle im Finanzministerium, wurde dort nach einiger Zeit Abteilungsleiter und gewann dann immer mehr an Einfluss. Seine intellektuellen Fähigkeiten brachten ihm nebenbei eine Professur an der Freien Universität Amsterdam ein. Nach knapp 20 Jahren im Ministerium wurde Zalm Minister. Die von ihm geschaffene »Zalm-Norm« galt jetzt als Haushaltsmaxime. Nach Meinung von Kritikern beruhte sie »auf vorsichtigen Annahmen über das zu erwartende wirtschaftliche Wachstum, die sich im Nachhinein als außerordentlich konservativ herausstellten« (Meyer & Turowski »Praxis der sozialen Demokratie«, 2006, S. 263). Heute arbeitet Gerrit Zalm in der Wirtschaft. Als Chef der ABN AMRO Bank managte er deren komplizierte Fusion mit der Fortis Bank.

Auch Werner Wenning, der ehemalige Konzernchef von Bayer und heutige Aufsichtsratsvorsitzende beim Fußball-Bundesligisten Bayer 04 Leverkusen, ist ein Zahlenmensch durch und durch. Geboren in Leverkusen-Opladen, wo er bis heute lebt, begann Wenning 1966 eine Ausbildung beim größten Arbeitgeber am Ort, arbeitete anschließend im Bereich Rechnungswesen und stieg dann kontinuierlich auf. Der Leiter des Bereichs Konzernplanung und Controlling wurde 1997 Finanzvorstand und schließlich 2002 CEO. »Als Vorstandsvorsitzender hat Wenning Aventis CropScience – die bis dahin größte Akquisition in der Firmengeschichte – in den Konzern integriert und Bayer eine völlig neue Struktur mit strategischer Holding, Teilkonzernen und Servicegesellschaften gegeben« (Quelle: Bayer AG). Erst bei der spektakulären Schering-Übernahme geriet Wenning ins Blitzlichtgewitter der Medien. An den Hotspots der High Society hatte man auf den Mann mit dem grauen Scheitel und der Brille bis dahin vergeblich gewartet.

Das planende Horn

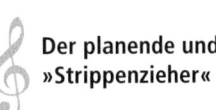

Vorstandsassistent Dominik hat während des gesamten
Meetings noch nicht ein Wort gesagt. Er hat sich Notizen
gemacht und hin und wieder auf seinem iPad etwas nach-
gesehen. Sobald andere sprechen, registriert er nicht nur deren
Worte, sondern nimmt auch die Gestik und Mimik ganz genau wahr.
Erst als seine Chefin sagt »Also, Leute, let's get going!«, meldet sich
Dominik selbstbewusst zu Wort: »Sorry, Astrid, aber ich spüre, hier
müssen wir noch mehr vorbereiten«, weist er seine Vorgesetzte in die
Schranken. »Sonst haben wir später umso mehr Arbeit.«

Der planende und intuitive »Strippenzieher«

Das Horn ist ein gut beobachtender, unauffälliger Teamspieler und sorgt für planvolle, geregelte Abläufe. Doch wer das Horn deshalb für einen Technokraten hält, irrt sich gewaltig. Denn dieses Teammitglied geht mit viel Gefühl an die Arbeit und besitzt eine sagenhafte Intuition. Es sorgt dafür, dass Musikstücke genau nach Notenblatt aufgeführt werden. Eine besondere Stärke des Horns besteht darin, Dinge, die angefangen wurden, auch zu Ende zu bringen. Während andere in Gedanken schon beim nächsten Projekt sind, sorgt das Horn dafür, dass jedes besprochene Detail auch umgesetzt wird. Umgekehrt sind Hörner in Gedanken schon bei der Umsetzung eines Projekts, während die anderen im Team noch Ideen austauschen.

Als Jagdhorn kann das echte Horn knappe, präzise Signale geben – während es in der Sinfonie zum satten, gefühlvollen Orchesterklang beiträgt. Die vierte Sinfonie von Anton Bruckner beginnt sogar mit Hornklängen. Das Werk trägt den Beinamen »Die Romantische«. In dieser Bandbreite zwischen extremer Präzision und phänomenalem Bauchgefühl bewegt sich das Horn auch im Team. Dabei agiert es am liebsten im Hintergrund und zieht von dort aus die Fäden. Assistentinnen oder persönliche Referenten mit Hornqualitäten haben oft einen enormen Einfluss im Unternehmen. Außenstehende übersehen das leicht und haben dann meistens Pech, wenn sie die Meinung des Horns achtlos übergehen.

Als Horn im Team sollten Sie mit Ihrem Organisationstalent und Ihrem Auge für kleinste Details dazu beitragen, Qualität und Effizienz des gesamten Teams zu verbessern. Auch wenn Sie sich lieber hinter den Kulissen aufhalten, dürfen Sie die Bedeutung Ihrer Rolle niemals unterschätzen. Sie rücken die Dinge ins rechte Licht. Und Ihre untrügliche Intuition ist gerade dort wichtig, wo andere unausgegorene Ideen haben oder zu schnell zu viel wollen.

Stärken des Horns
- Ordnungsliebe und Planungsstärke
- ausgezeichnete Intuition
- auffällige Beobachtungsgabe
- Genauigkeit bis zum Schluss

Schwächen des Horns
- emotionale Stressanfälligkeit
- Reizbarkeit durch plötzliche Kurswechsel

Das Horn als Chef

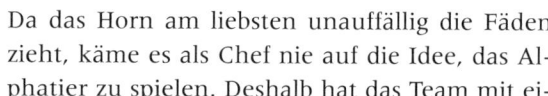

Verlässlicher Partner des Teams

Da das Horn am liebsten unauffällig die Fäden zieht, käme es als Chef nie auf die Idee, das Alphatier zu spielen. Deshalb hat das Team mit einem Horn als Chef einen verlässlichen und einfühlsamen Partner an seiner Seite. Manche Teammitglieder werden mit der planenden und vorsichtigen Art des Horns auch ihre Schwierigkeiten haben und das Bauchgefühl des Chefs oft nicht nachvollziehen können. Insgesamt wird das Team aber feststellen, dass die Dinge unter der Führung des Horns einfach gut funktionieren. Das Horn ist tüchtig und macht den Weg frei.

Da dem Horn nichts entgeht, kann es manchmal auch als »Fehlersucher« wahrgenommen werden, dem man es nie recht machen kann. Das **Ansprüche an andere auch mal reduzieren** Horn will zwar immer nur das Beste für das Team, sollte aber aufpassen, Teammitglieder, die auch mal »fünf gerade sein lassen«, mit seinen Ansprüchen an Präzision nicht zu nerven oder gar zu demotivieren. Auch sollte eine Horn-Führungskraft sich unter Kontrolle behalten, wenn Mitarbeiter ihre Pläne einmal nicht so präzise umsetzen, wie es gedacht war. Dann steht der großen Beliebtheit des Horns bei seinen Mitarbeitern endgültig nichts mehr im Weg.

 ## SO KLINGT EIN HORN

Herman Van Rompuy, ehemaliger belgischer Ministerpräsident und ab dem 19. November 2009 erster ständiger Präsident des Europäischen Rats, ist eine sehr interessante, intellektuelle Hornpersönlichkeit. Er war schon als belgischer Politiker immer derjenige, der versucht hat, alle vorhandenen Projekte erfolgreich zu Ende zu bringen, anstatt ständig neue zu beginnen. Sein Auftreten ist ruhig und besonnen. Er überlegt immer erst, bevor er auf Fragen antwortet. Selbst die total chaotischen politischen Verhältnisse in Belgien konnten ihn nie aus der Ruhe bringen. Der britische Europaskeptiker Nigel Farage polemisierte 2010 im Europaparlament, Van Rompuy habe das Charisma eines feuchten Putzlappens und die Erscheinung eines kleinen Bankangestellten. Van Rompuy meinte daraufhin nur, er wolle diese zutiefst verabscheuenswürdige Äußerung nicht weiter kommentieren.

 »Wir wollen präzise planen«, antwortete Olaf Scholz kurz nach seiner Wahl zum Ersten Bürgermeister von Hamburg auf die Frage der Hamburger Morgenpost, was seine Regierung als Erstes tun werde. Bis zur Auszählung der Stimmen am Abend des 20. Februar 2011 hatte kaum jemand Scholz zugetraut, in der Hansestadt die absolute Mehrheit für die Sozialdemokraten zu holen. Der ehemalige Bundesarbeitsminister war als blass und langweilig abgestempelt. Doch Scholz machte im Wahlkampf vieles richtig.

> In zahlreichen »Town Hall Meetings« in den Stadtteilen präsentierte er sich den Bürgern auf Augenhöhe und ging geduldig auf ihre Fragen ein. Kein noch so kleines Anliegen, das einem Bürger am Herzen lag, war Scholz zu belanglos. Immer gab er eine ausführliche Antwort. Damit zeigte Scholz typische Hornqualitäten – und machte sich prompt bei den Bürgern beliebt.

Die hilfsbereite Geige

> »Paganini up on the chimney,
> Lord of the dance«
> Kate Bush »Violin«

»Warte, ich helfe dir schnell«, sagt Martina, als sie sieht, wie Robert aus der Buchhaltung verzweifelt versucht, den Kalkfilter der Kaffeemaschine zu wechseln. Eigentlich wollte sich die Pressesprecherin in der Teeküche nur schnell ein Wasser holen. Doch Hilflosigkeit bei Männer kann sie nicht mit ansehen. Jetzt aber schnell zurück ins Büro und ans Telefon! Firmenchefin Astrid hat gestern wieder einen ihrer krassen Sprüche vom Stapel gelassen. Dummerweise stand ein Reporter der »Handelszeitung« direkt daneben. Den ruft Martina jetzt an, um die Wogen zu glätten.

Die soziale und extrovertierte Teamspielerin

Die Geige ist eine soziale, sensible und extrovertierte Teamspielerin. Sie liebt und genießt das Zusammenspiel im Orchester. Eine Geige ist nicht nur ausgesprochen hilfsbereit, sondern auch sehr kommunikativ. Manchmal ist sie so etwas wie die »gute Seele« des Teams oder der ganzen Firma. In anderen Fällen stehen ihre kommunikativen Fähigkeiten mehr im Vordergrund. Die Geige nutzt ihr sprachliches Geschick niemals, um sich aufzuspielen, sondern will stets Harmonie herstellen und bei Konflikten vermitteln. Wenn alle sich vertragen, ist die Welt der Geige in Ordnung. Um des lieben Friedens willen ist sie auch bereit, so manchen Kompromiss einzugehen.

Auch in der Musik wird die Geige von den meisten Hörern als sehr harmonisch empfunden. Bei einem Violinkonzert von Mozart lässt es sich wunderbar entspannen. Im Orchester spielt der Konzertmeister die »Erste Geige« und muss hin und wieder zwischen einem egozentrischen Dirigenten und dem Musikerkollektiv vermitteln. Die Geige wird von allen anderen im Team schnell akzeptiert. Sie kann sich gut an unvorhergesehene Situationen anpassen und unterstützt stets das ganze Team. Unangenehmen Entscheidungen weicht die Geige jedoch gerne aus. Auch lässt ihre Vorliebe für eine warmherzige, familiäre Arbeitsatmosphäre sie hin und wieder vergessen, dass am Schluss auch die Leistung stimmen muss.

Als Geige im Team können Sie die Schwächen anderer Teammitglieder ausgleichen. Opfern Sie sich jedoch nicht ständig selbst auf, sondern machen Sie lieber auf effektive Hilfsquellen aufmerksam. Ihre emotionale Intelligenz und Ihre sozialen Talente können Sie außerdem wunderbar dafür einsetzen, die unausgesprochenen Gefühle im Team zu benennen und zu klären. Passen Sie aber auf, dass Sie Konflikten nicht aus dem Weg gehen und Harmonie nicht über Ergebnisse stellen.

Stärken der Geige
- ausgeprägte Hilfsbereitschaft
- Flexibilität und Anpassungsbereitschaft
- hohe Sozialkompetenz
- kommunikatives Geschick

Schwächen der Geige
- mangelnde Entscheidungsfreude und Durchsetzungsfähigkeit
- schwach ausgeprägte Leistungsorientierung

Die Geige als Chef

Führungskräfte, die an den Kursen am Henley Mangement College teilnahmen, waren oft leicht geschockt, wenn Meredith Belbin ihnen

Wohlwollender Unterstützer des Teams

eröffnete, dass ihre bevorzugte Teamrolle diejenige ist, die ich als Geige bezeichne. Sie hatten sich diese Rolle nur in unterstützender Funktion – beispielsweise als Assistent – vorstellen können. Tatsächlich weisen aber in der Praxis eine ganze Reihe von Führungskräften die Eigenschaften der Geige auf. Sie sehen ihre Führungsaufgabe in der bestmöglichen Unterstützung ihrer Mitarbeiter, sorgen mit ihrer hohen Sozialkompetenz für ein angenehmes Betriebsklima und können ihr Team oder ihre Firma nach außen geschickt vertreten.

Leistung fordern und auch mal hart sein Geigen als Chefs müssen immer ein wenig aufpassen, dass die Leistung stimmt. Ergebnisse einzufordern, fällt ihnen manchmal schwer. Auch müssen Geigen-Chefs sich davor in Acht nehmen, dass andere Teammitglieder ihnen das Heft aus der Hand nehmen und jene harten Entscheidungen an sich reißen, vor denen eine Geige zurückschreckt. Insgesamt hilft Geigen in Führungspositionen jedoch ihr guter Umgang mit Menschen. Sie geben Erfolge stets als Teamerfolge aus und sind deshalb bei ihren Mitarbeitern ausgesprochen beliebt.

SO KLINGT EINE GEIGE

Ein extremes Beispiel für eine Geige war sicherlich Mutter Teresa. Die Ordensschwester und Friedensnobelpreisträgerin kümmerte sich in den Slums der indischen Metropole Kalkutta jahrzehntelang um die Ärmsten der Armen, insbesondere um Sterbende. Nun gibt es überall Menschen, die sich für andere aufopfern. Mutter Teresa zeigte ausgeprägte Geigeneigenschaften auch darin, dass die ganze Welt von ihren Projekten erfuhr. Stets bescheiden im Auftreten gelang es ihr, ihr Anliegen geschickt zu kommunizieren. Mit öffentlichen Auftritten, wie etwa 1985 vor dem Weißen Haus, wo sie von US-Präsident Reagan die amerikanische Freiheitsmedaille erhielt, hatte die gebürtige Mazedonierin keine Schwierigkeiten.

Kritiker warfen ihr vor, die Möglichkeiten des medizinischen Fortschritts in ihrem Hospiz nicht konsequent zu nutzen. Tja, konsequente Entscheidungen und Orientierung an bestmöglichen Ergebnissen sind die Sache einer Geige nun mal nicht …

Ricardo Semler ist mit seinen ausgeprägten Geigenqualitäten einer der modernsten und bekanntesten Topmanager der Welt. Der Chef und Mehrheitseigner des brasilianischen Mischkonzerns Semco hat sein Unternehmen seit Jahrzehnten einer radikalen Demokratisierung unterzogen. »Management ohne Manager« lautet Semlers Ansatz. Und der Erfolg scheint ihm recht zu geben: Im Laufe seiner Managerkarriere hat Semler den Umsatz von Semco mehr als verhundertfacht. – Halt, Stopp! Das würde Ricardo Semler sofort energisch bestreiten! Selbstverständlich haben aus seiner Sicht sämtliche Mitarbeiter als Team diese Leistung vollbracht. Immerhin ist es noch Semler selbst (und nicht sein Team), der seine ungewöhnlichen Führungsprinzipien in Büchern beschreibt. Sein erstes Buch »Turning the tables« war laut Wikipedia das meistverkaufte Sachbuch in der Geschichte Brasiliens und wurde in 23 Sprachen übersetzt.

Niemand ist nur ein einziges Instrument

Jetzt kennen Sie sämtliche Instrumente im Teamorchester. Bestimmt haben Sie auch Ihre zwei oder drei Lieblingsinstrumente entdeckt. An dieser Stelle ist noch einmal wichtig zu betonen, dass Persönlichkeit und Teamrolle nicht identisch sind. Wir sind nicht nur ein einziges Instrument. Wenn ich in diesem Buch vereinfachend davon spreche, dass jemand zum Beispiel eine »typische Geige« ist, dann gilt das jeweils nur in einem bestimmten Teamkontext. Ricardo Semler ist für mich als Manager in seiner Firma eine typische Geige. Doch nehmen wir mal an, er hätte in seiner Jugend gerne Fußball gespielt. Dann hätte er auf dem Platz auch eine typische Trommel, nämlich der Tempomacher, sein können. Oder ein typischer Bass, der sich im defensiven Mittelfeld bis zur Erschöpfung in jeden Zweikampf stürzt. In seiner Firma könnte er trotzdem eine Geige sein.

Normalerweise ist jedem Menschen ein Hauptinstrument zugeordnet, das die wesentlichen Charaktereigenschaften repräsentiert, daneben  **Nebeninstrumente zeigen die Nuancen.**

zwei weitere Instrumente in mehr oder weniger starker Ausprägung. Die Nebeninstrumente zeigen die Nuancen der Persönlichkeit, die das erste Instrument – je nach seiner Beschaffenheit – »weicher« oder »härter« machen. Oft ist es in Teams sogar so, dass jemand eines seiner Nebeninstrumente zum Hauptinstrument machen muss. Da wäre jemand zum Beispiel die perfekte Gitarre, doch Kreativität ist im Team nicht gefragt. So bleibt dem Teammitglied nur, seine kognitiven Fähigkeiten analytisch und problemlösend einzusetzen. Die anderen wollen eine Harfe – und bekommen sie dann auch. Oder jemand wäre das perfekte Klavier, kann seine Führungsqualitäten jedoch nicht einsetzen, weil alles, was in der Firma mit Führung zu tun hat, schon von lauten Trommeln übernommen wird.

In den weiteren Kapiteln dieses Buchs werden Sie noch mehr darüber erfahren, wie einzelne Instrumente sich im Team ergänzen. So tut der harten Trommel ein Mitarbeiter mit Geigenattributen gut, der die ständigen Forderungen der Trommel sanfter vermittelt. Der Bass wiederum verträgt eine Trompete um sich, damit er nicht zu tiefgründig wird und anderen ständig die Laune verdirbt. Letztlich kommt es jedoch bei dem, was zusammenpasst und was nicht, immer auf die Ziele des Teams und die Rahmenbedingungen an. Lesen Sie am besten einfach weiter, und die Zusammenhänge werden Ihnen schnell klar werden. Am Ende wird immer aus einzelnen Instrumenten ein Orchester, das für die Aufführung eines ganz bestimmten Musikstücks am besten geeignet ist.

WELCHE VIER GRUNDKRÄFTE
IN JEDEM TEAM WIRKEN

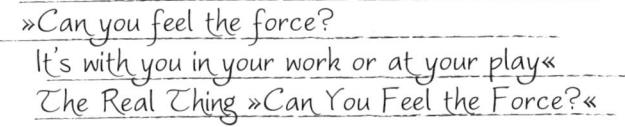

»Can you feel the force?
It's with you in your work or at your play«
The Real Thing »Can You Feel the Force?«

Der Vorstandschef steht mit verschränkten Armen auf der Bühne und spricht zu seinen Mitarbeitern. Er atmet ruhig. Er redet langsam und monoton. Sehr langsam und sehr monoton. Mit tiefer Stimme. In gut überlegten Sätzen. Seine Mitarbeiter, 300 Lebensmittelprüfer in den Sitzreihen, hören zu. Ruhig und konzentriert. Als wären es buddhistische Mönche. »Wie alle Anwesenden wissen«, sagt der Chef, »befinden wir uns nun schon seit drei Jahren in einem der umfassendsten, anspruchsvollsten und komplexesten Restrukturierungsprozesse, die unsere Organisation bisher erlebt hat. Heute werden wir Gelegenheit haben, alles noch einmal viel genauer zu durchdenken.« Die 300 Prüfer nicken: Ja, genauso ist es.

Eine holländische Aufsichtsbehörde für den Verbraucherschutz mit Hauptsitz in Amsterdam hatte mich beauftragt, ihren internen Veränderungsprozess zu unterstützen.  **Drei Jahre Restrukturierung und kein Fortschritt** Die Prüfer der Behörde kontrollieren landesweit Betriebe, und wie es in der holländischen Verwaltung seit einigen Jahren üblich ist, arbeiten sie zwar im Staatsauftrag, jedoch nach betriebswirtschaftlichen Grundsätzen. Die mich beauftragende Behörde setzt jedes Jahr mehrere Hundert Millionen Euro um und weist davon einige Hunderttausend als Gewinn aus. Womit wir mitten in der Welt der Zahlen wären, die für die Damen und Herren vom Verbraucherschutz immer seeehr wichtig sind!

Da Sie inzwischen alle Instrumente kennen, kann ich Ihnen an dieser Stelle verraten, dass ich als Trainer und Keynote-Speaker so eine richtige Trompete bin. Der Kontrast zwischen dem Vorstandschef und mir hätte an diesem Mittag also kaum größer sein können, denn der Chef schien eher eine Harfe oder ein Bass zu sein. Entsprechend ruhig, langatmig und detailreich redete er. Und dann kam ich auf die Bühne: Täterätäää! Meine Aufgabe war es, die inzwischen wie scheintot dasitzenden Mitarbeiter zu motivieren, mit ihrer Umstrukturierung endlich mal etwas voranzukommen. Dazu sollte ich ihnen nach Möglichkeit klarmachen, wo es überhaupt hakt. Die Zeit drängte, denn die Vorgaben »von oben« waren eindeutig: Schneller und effizienter sollen die Prüfungen ablaufen. Bei gleichzeitig verbesserter Qualität! Und vor allem viel, viel kundenorientierter! So weit das Ziel. Aber wie sollte der Weg aussehen? Darüber wurde bei den Verbraucherschützern nun seit drei Jahren nachgedacht ...

130 Harfen bei 300 Mitarbeitern – hier wird nachgedacht! 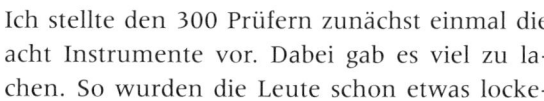 Ich stellte den 300 Prüfern zunächst einmal die acht Instrumente vor. Dabei gab es viel zu lachen. So wurden die Leute schon etwas lockerer. Dann machten wir eine kleine Feedback-Übung. Jeder im Saal sollte selbst einschätzen, was wohl sein typisches Instrument ist. Ein Kollege musste ihm dann Feedback geben, ob das so ungefähr passt. Mit solch einer Selbsteinschätzung plus Feedback haben Sie bei dem Lieblingsinstrument meistens schon eine Treffsicherheit um die 80 bis 90 Prozent. Nach der Übung wurde gezählt, welches Instrument im Saal wie oft als Hauptinstrument vertreten war. Natürlich rechnete ich mit einem einseitigen Ergebnis. Trotzdem war ich selbst überrascht, als sich herausstellte, dass hier unter 300 Mitarbeitern 130 Harfen waren! Und noch einmal 90 Bässe. Gitarren gab es dagegen nur fünf bis zehn.

Als das Ergebnis feststand, mussten viele im Saal spontan lachen – vor allem die Harfen, denn dank ihrer analytischen Fähigkeiten dämmerte ihnen wahrscheinlich schon, was in dieser Firma das Grundproblem war. Ich erklärte es trotzdem schön langsam und der Reihe nach, damit auch die vielen Bässe problemlos folgen konnten.

Gefühlskraft, Tatkraft, Willenskraft und Denkkraft

Als Psychologe interessierte sich Meredith Belbin dafür, ob die acht Teamrollen irgendwie miteinander zusammenhängen. Tatsächlich zeigte sich, dass jeweils zwei Rollen mit einer von vier psychischen Grundkräften korrespondieren, und zwar in einer entweder aktiven oder reaktiven Ausrichtung. Nehmen wir zum Beispiel einmal eine Gitarre und eine Harfe im Team. Die Gitarre ist geistig sehr aktiv und produktiv. Sie strebt ständig danach, Neues zu erschaffen: Designs, Produkte, Strategien und so weiter. Im Hinblick auf die kognitiven Fähigkeiten steht die Harfe der Gitarre in nichts nach. Der Unterschied ist jedoch, dass die Harfe viel lieber Bestehendes analysiert, als sich Neues auszudenken. Als Steuerberater findet die Harfe garantiert eine Möglichkeit, wie Sie weniger Steuern zahlen müssen. Es käme ihr aber nicht in den Sinn, sich ein neues Steuersystem auszudenken und mit diesem Vorschlag in die Politik zu gehen. Die Harfe ist also eher reaktiv. Sie beschäftigt sich mit Fakten, die andere geschaffen haben. Gemeinsam haben Gitarre und Harfe jedoch ihre Denkkraft. Sie ist eine von insgesamt vier Kräften, die in Teams wirken. Die anderen drei sind Gefühlskraft, Tatkraft und Willenskraft.

Hier sind sämtliche Instrumente, Grundkräfte und Ausrichtungen im Überblick:

 Vier jeweils aktive oder reaktive Grundkräfte = acht Instrumente

INSTRUMENT	GRUNDKRAFT	AUSRICHTUNG
Bass	Tatkraft	aktiv
Trompete	Tatkraft	reaktiv
Trommel	Willenskraft	aktiv
Klavier	Willenskraft	reaktiv
Gitarre	Denkkraft	aktiv
Harfe	Denkkraft	reaktiv
Horn	Gefühlskraft	aktiv
Geige	Gefühlskraft	reaktiv

Der Bass steht für aktive Tatkraft. Er ist ein Umsetzer, der sich überall sofort an die Arbeit macht. Trompeten dagegen sind Entdecker, die wertvolle Impulse von außen aufnehmen und ihr Team motivieren, etwas daraus zu machen. Auch das hat mit Tatkraft zu tun, jedoch in ihrer reaktiven Ausprägung. Trommel und Klavier wiederum verbindet ihre Willenskraft. Wenn sie zusammen ein Unternehmen gründen, werden beide den absoluten Willen zum Erfolg mitbringen. Doch während die aktive Trommel voranprescht und jedem zeigen will, wo es langgeht, hört das reaktive Klavier erst einmal zu und formuliert dann ein gemeinsames Ziel. Horn und Geige sind schließlich die beiden Instrumente fürs Gefühl. Das Horn mit seiner phänomenalen Intuition trägt die Gefühlskraft aktiv ins Team. Die reaktive Geige sorgt dann mit ihrer guten Kommunikationsfähigkeit dafür, dass möglichst alle von dem verlässlichen Bauchgefühl des Horns profitieren. Sie kann fast wie eine »Übersetzerin« des Horns sein, dessen intuitive Eingebungen einigen unverständlich sind.

Wo die entscheidende Kraft fehlt, da lauern Probleme.  Erfolgreiche Teams erreichen immer mit ausreichend Denkkraft, Gefühlskraft, Willenskraft und Tatkraft ihre Ziele. Die Rahmenbedingungen und die gesteckten Ziele entscheiden darüber, welche dieser Kräfte gerade besonders gebraucht wird und eventuell verstärkt werden muss. Im Großen und Ganzen wirken aber in jedem Team alle vier Grundkräfte. Leider bedeutet das im Umkehrschluss, dass ein Team schnell Probleme bekommt, wenn eine der vier Kräfte stark überrepräsentiert oder eine andere Kraft extrem unterrepräsentiert ist. Am größten sind die Probleme natürlich dann, wenn ausgerechnet jene Kraft schwach ist, die gerade am meisten gebraucht wird.

Wenn Sie sich das vor Augen führen, dann verstehen Sie jetzt, warum die Prüfer in der Verbraucherschutzbehörde in ihrem Veränderungsprozess nach drei Jahren noch kaum vorangekommen waren. Wo unter 300 Mitarbeitern 130 Leute Harfe spielen, da ist die Denkkraft stark überrepräsentiert. Mehr noch: Die reaktive Denkkraft gibt in diesem Orchester eindeutig den Ton an, während bereits die aktive, kreative Denkkraft – in Form der Gitarre – fast überhaupt nicht vorkommt. Und wo bleibt die Willenskraft? Komplette Fehlanzeige!

Das Ergebnis war klar: Die Harfen bei den Ver-  **Schachmatt vor lauter Nachdenken**
braucherschützern dachten nach. Und dachten
nach. Und dachten noch einmal nach. Aber
nichts geschah. Es fehlte an dem Willen, die von der Politik vorgegebenen Ziele auch zu erreichen. Eigene kreative Lösungen für den
möglichen Weg dorthin fehlten auch, aber dafür gab es wenigstens
externe Unternehmensberater. Nur den Willen konnten die Berater
nicht ersetzen. Und warum konnten auch die 90 Bässe mit ihrer Tatkraft nichts ausrichten? Ganz einfach: Sie warteten auf eine Trommel
oder ein Klavier, um zu wissen, was sie tun sollen. So gingen die Jahre
ins Land. Immerhin: Dank ihrer Harfen verstand die Behörde ihre
Probleme von Jahr zu Jahr besser. Doch vor lauter Denkkraft trat sie
auf der Stelle.

> »Change, it's time for change
> Change, nothing stays the same«
> Barry White »Change«

Wenn es Zeit wird, das Instrument zu wechseln

Niemand beherrscht nur ein einziges Instru-  **Nebeninstrumente aktivieren, und es bewegt sich was!**
ment. Jedes Teammitglied hat seine Haupt- und
Nebeninstrumente. Nun kann es natürlich den-
noch sein, dass sich jemand sehr stark auf ein Lieblingsinstrument
festgelegt hat und dann meint, sein eigenes Instrument sei das tollste
von allen. »Das Klavier ist das schönste Instrument der Welt.« Wie
oft, glauben Sie, lesen Sie diesen Satz in Interviews mit Pianisten?
Ziemlich oft. Was ist schon eine Geige oder eine Trommel gegen die
Klangfülle und die Möglichkeiten eines Flügels? Allerdings sieht ein
Violinist das ganz anders … Diese Beobachtung können Sie auf Teamrollen übertragen. Ich spreche dann manchmal von »Teamrollen-Arroganz«. Wenn jedes Teammitglied sich nicht nur in seiner Rolle am
wohlsten fühlt, sondern die anderen für schlechte Kopien von sich
selbst hält, ist das eine Form von Arroganz.

Bei den vielen Harfen der holländischen Verbraucherschützer habe ich hier und da so eine gewisse »Teamrollen-Arroganz« beobachten können. Die reaktive Denkkraft dominierte total. Die Harfen fühlten sich wohl in ihrer Rolle als messerscharfe Analytiker und gnadenlose Kritiker. Die Unternehmensberater, die den Veränderungsprozess begleiten sollten, trieb das fast in den Wahnsinn. Jeder ihrer Ansätze wurde zerpflückt. Ihre kreativen Ideen galten als dumm und nicht ausgereift. Was die Harfen nicht sehen wollten, war, dass es mit dem alten Denken einfach nicht weiterging und neue Ansätze auch dann besser sein können, wenn sie nicht auf Anhieb perfekt sind. Doch wie ließ sich das »Harfenorchester« bunter machen? Die Lösung bestand darin, dass möglichst viele Mitarbeiter bei sich Nebeninstrumente aktivierten, die für die fehlende Kreativität und Willenskraft stehen.

Harfen, die dazu in der Lage waren, wurden jetzt ermutigt, ruhig einmal zur Gitarre zu greifen und sich an der Lösungsentwicklung aktiv zu beteiligen. Bässe, in denen auch Trommelqualitäten schlummerten, waren aufgerufen, bitte mal die Schlagzahl zu erhöhen. Wichtig waren zudem Mitarbeiter, die ihre Klaviereigenschaften entdeckten und aktivierten, um den weiteren Veränderungsprozess ziel- und ergebnisorientiert zu koordinieren. Es war auch klar: Wenn dann noch einige Kollegen zum Horn griffen, um vor Fehlentscheidungen zu warnen, oder zur Geige, damit die Umstrukturierung sozialverträglich ablaufen kann, dann wäre die Balance der vier Grundkräfte wieder okay. Und damit käme Bewegung in die Sache.

Plötzlich gelingt positive Veränderung.  Tatsächlich hat sich die Behörde in letzter Zeit stark weiterentwickelt. Ich habe diesen Prozess nicht mehr weiter begleitet, aber mit Freude beobachtet, wie die Organisation wirklich effektiver und kundenorientierter geworden ist. Dazu mussten vor allem die Prüfer flexibler werden. Früher waren sie auf ein ganz bestimmtes Gebiet spezialisiert und sind dafür kreuz und quer durchs Land gereist. Heute haben die Prüfer sich für mehrere Sparten qualifiziert und können deshalb in einer Region bleiben. Das reduziert Fahrtkosten und schafft mehr Kundennähe. Wer weiß, dass er mehr als ein einziges Instrument spielen kann, ist auch für größere Change-Prozesse in Unternehmen gut gerüstet.

SO SIND SIE IM TAKT

Aktivieren Sie die Nebeninstrumente bei sich selbst und Ihren Teammitgliedern, sobald eine größere Bandbreite an Kräften erforderlich ist, um die Ziele zu erreichen. Geben Sie positives Feedback und machen Sie anderen Mut, auch einmal das Instrument zu wechseln, selbst wenn es sich zunächst ungewohnt anhört.

Keinesfalls nur bei großen Veränderungsprozessen, sondern gerade auch im Alltag eines Teams ist es nötig, die vier Grundkräfte im Auge zu behalten. **Die vier Grundkräfte im Alltag** Sobald eine Kraft zu sehr dominiert oder eine andere Kraft unterrepräsentiert ist, gibt es grundsätzlich zwei Lösungsmöglichkeiten: Entweder die einzelnen Teammitglieder aktivieren ganz bewusst Nebeninstrumente, die bisher noch wenig zum Einsatz gekommen sind, oder es kommen neue Mitarbeiter ins Team, deren Instrumente die zur Ergänzung nötigen Grundkräfte repräsentieren. In Unternehmen ist es oft so, dass sich die Zusammensetzung der Belegschaft nicht von heute auf morgen ändern lässt. Hier eröffnet die Aktivierung von Nebeninstrumenten trotzdem die Chance, dass sich schnell eine Menge bewegt. Bei Projektteams, die ganz neu zusammengestellt werden, besteht dagegen die Möglichkeit, von Anfang an auf eine gute Kombination der Kräfte zu achten.

Führungskräfte sollten sich außerdem klarmachen, mit welcher »Kraft« sie eigentlich »führen«, das heißt, welche der vier Grundkräfte bei den Instrumenten wirken, die sie gerade spielen. Da Führungskräfte naturgemäß einen großen Einfluss auf ihre Mitarbeiter haben, kann es nötig sein, immer mal wieder das Instrument zu wechseln. Oder sich mit engen Mitarbeitern zu umgeben, die andere Kräfte ins Spiel bringen.

Unterschiedliche Instrumente ergänzen sich

Janine ist Führungskraft bei Randstad, dem Marktführer für Personaldienstleistungen auch in Deutschland. Janine ist als Chefin eine absolut typische Trommel. Wirtschaft ist für sie ein sportlicher Wettkampf – und sie will einfach immer siegen. Ich kenne Janine jetzt seit 15 Jahren. Sie ist ohnehin schon nicht gerade klein gewachsen und kommt dann noch meistens auf High Heels daher. Auf harten Fußböden nähert sie sich deshalb echt mit dem Sound einer Trommel! Das Tolle an Janine ist, dass sie über ihre Trommeleigenschaften selbst schmunzeln kann. Und sie ist auch deshalb erfolgreich, weil sie weiß, dass unbedingter Siegeswille allein nicht genügt, sondern eine Ergänzung braucht.

Trommel sucht Melodie, Kandidaten bitte melden!  Eine Trommel, wie beispielsweise Janine, kann ihre Führungsqualitäten besonders gut entfalten, wenn sie ein Klavier an ihrer Seite hat. Trommel und Klavier stehen beide für Willenskraft. Aber die Trommel bringt Willenskraft tonnenweise mit. Das ist oft zu viel des Guten. Dann schießt die Trommel über das Ziel hinaus und macht sich zudem noch überall Feinde. Hat die Trommel dagegen ein Klavier als Partner, findet die Willenskraft die richtige Balance. Bei Apple zum Beispiel schlug Steve Jobs gerne die Trommel, während sein zweiter Mann und späterer Nachfolger Tim Cook mit seiner ruhigen und verbindlichen Art lieber Klavier spielte. Den unbedingten Erfolgswillen hatten sie beide.

Die Trommel setzt ihren Willen oft ohne Rücksicht auf die Gefühle anderer durch. Deshalb ist auch die Geige mit ihrer Gefühlskraft eine ideale Partnerin für eine Trommel. Eine Geige hört anderen Teammitgliedern zu (wofür Trommeln keine Zeit haben) und formuliert die Befehle der Trommel in höfliche Aufforderungen um. Auch schreitet die vorsichtige Geige ein, wenn die Trommel untragbare Risiken eingehen will. Hat die Trommel dann noch einen praktischen und umsetzungsorientierten Bass im Team, der jede Menge Tatkraft beisteuert und dafür sorgt, dass es beim bloßen Willen nicht bleibt, kann ein Managementteam auch unter Trommelfeuer gut funktionieren.

Der Bass wiederum tut gut daran, sich mit einer Trompete zu verbünden. Bass und Trompete stehen für Tatkraft. **Trompeten geben dem Bass Leichtigkeit.** Bässe sind unermüdliche Arbeiter und Kämpfer, die niemals aufgeben und jeder Schwierigkeit mit noch mehr Einsatz begegnen. So wie im Fußball der junge deutsche Nationalspieler Sven Bender. Was den Bässen jedoch fehlt, ist jene Leichtigkeit, mit der man oft einfach besser durchs Leben kommt. Und diese Form von unbekümmerter, fröhlicher und optimistischer Tatkraft steuert die Trompete bei. Bässe harmonieren allerdings auch sehr schön mit Klavieren. Mit seiner Willenskraft bestimmt das Klavier die Zielrichtung und sagt, was als Nächstes zu tun ist. Dann kann der Bass loslegen.

Das Horn als oberster Repräsentant der Gefühlskraft trägt die Intuition ins Team. Gefühle können **Die Geige »übersetzt« für das Horn.** jedoch manchmal auch irritieren. Vor allem die faktenorientierten Harfen hassen nebulöse Prognosen auf der Basis von Bauchgefühl. Deshalb ergänzt die Geige als zweite Vertreterin der Gefühlskraft das Horn so gut. Geigen verstehen das Horn, schaffen es aber auch, deren Botschaft dem restlichen Team gut zu verkaufen. Ohne die soziale Kompetenz der Geige könnte das Horn schnell als Spinner abgetan werden. Wenn nun noch eine visionäre Gitarre mit ihrer originellen Denkkraft dazukommt, kann ein richtiges Dream-Team entstehen: Die Gitarre hat grandiose Ideen, das Horn organisiert die Umsetzung und warnt vor Fallstricken, während die Geige für die reibungslose Kommunikation nach außen sorgt.

Gitarren sind sowieso die Denker schlechthin. Schon Platon lehrte, dass die Idee der Ursprung von allem ist – und auch im Unternehmen würde ohne eine ursprüngliche Idee nichts existieren: keine Produkte, Designs und Services, nicht einmal Geschäftspläne und Organigramme. In Erfolgsratgebern liest man immer wieder, wie viele Innovationen auf Ideen zurückgehen, die viele zunächst für völlig verrückt hielten. Da gibt es tatsächlich einige – vom Flugzeug bis zum PC. Worüber man in Büchern seltener liest, sind die Ideen, die wirklich verrückt waren und zu Recht nicht umgesetzt wurden. So wollte man in den 1970er-Jahren ganze Innenstädte mit Rollbändern für

Fußgänger durchziehen, die in durchsichtigen Röhren auf Betonstelzen durch die Straßen führen.

Gitarre + Harfe = machbare Innovationen  Eine Harfe hätte sofort gewusst, dass diese Idee bekloppt ist. Die Harfe ergänzt die Gitarre perfekt, da sie mit ihrer ebenso großen Denkkraft deren Ideen durchschaut, dann aber sofort kritisch auf Machbarkeit und Praxistauglichkeit prüft. Ist eine Idee der Gitarre dann wirklich einmal genial, so gibt die Harfe nach akribischer Prüfung grünes Licht. Die Klaviere, Bässe oder Geigen haben dann die Sicherheit, auf ein lohnendes Ziel hinzuarbeiten. Mit Gitarre und Harfe treffen sich zwei große Denker auf kreative und kritische Weise und stellen somit sicher, dass ein Unternehmen die Balance zwischen Fantasie und Faktenorientierung hält. Diesen beiden Intellektuellen tut dann noch eine Trommel an ihrer Seite gut, die dafür sorgt, dass es beim Denken nicht bleibt, sondern mit Tempo auf Ziele hingearbeitet wird.

> »Now I gotta decide if I'm gonna help raise you right
> So now the ultimatum's on me, that's no fun«
> Justin Timberlake »Nothin' Else«

Rolf ist fleißig. Sehr fleißig. Seine Firma für spezielle Metallverarbeitung hat er von seinem Vater übernommen. In mehreren europäischen Ländern, darunter Holland und Belgien, konnte er die Marktführerschaft auf seinem Spezialgebiet verteidigen. Mit vielen, vielen Überstunden. Seine Mitarbeiter bieten heute modernste Verfahren der Metallbearbeitung für die Industrie. Trotzdem ist irgendwie die Luft raus. Ist Rolf der geborene Unternehmer? Einer von vier Söhnen musste den Job halt machen. Der Zweitgeborene bekam es noch am besten hin.

Das Orchestermodell ist kein Wunderrezept.  Da Sie jetzt wissen, dass ich eine ziemliche Trompete bin – und dazu noch Trainer und Motivationsredner –, erwarten Sie wahrscheinlich in diesem Buch nichts als optimistische und motivierende Erfolgsstorys. Stimmt's? Nun, die meisten Beispiele sind tatsächlich sehr positiv. Aber wir Holländer sind auch Realisten. Die holländische Malerei war schon im 17. Jahrhundert sehr stark realistisch. Es ist eine gute Tradition bei uns, sich die Dinge so anzusehen, wie sie nun mal sind. Deshalb erzähle ich Ihnen die Geschichte von meinem Freund Rolf und seiner Firma. Es ist weder eine Erfogsstory, noch handelt sie von einem spektakulären Misserfolg. Es ist eher die Geschichte eines Mannes, der sich nicht so recht entscheiden konnte. Und der deshalb feststeckte.

Warum erzähle ich Ihnen seine Geschichte? Mir ist wichtig, dass das Orchestermodell nicht wie ein Wunderrezept rüberkommt, mit dem Sie mal eben über Nacht alle Ihre Probleme lösen. Ich bin total begeistert von Belbins Modell und arbeite jetzt seit Jahren erfolgreich damit. Auch gehe ich selbst an die größten Probleme spielerisch und optimistisch heran. Trotzdem bleibt es immer auch harte Arbeit, in einem Team etwas nachhaltig zum Besseren zu verändern. Und es erfordert klare Entscheidungen. Die habe ich bei Rolf vermisst. Er besitzt ein Übermaß an Tatkraft. Doch dieses sture Ackern allein bringt seine Firma kaum noch weiter. Lösungen gäbe es viele. Aber Rolf kann sich eben nicht entscheiden.

Kennengelernt habe ich Rolfs Firma ein Jahr nachdem »der Alte« sich zurückgezogen hatte. Rolfs Vater hatte die Firma gegründet. Er war ein  **Wer macht es einem abgedankten Diktator recht?**

Diktator, aber auch ein Arbeitstier. Er kam morgens als Erster und ging abends als Letzter. Einerseits war er knallhart, andererseits aber auch sehr sozial. Er baute zum Beispiel in der Nachbarschaft des Unternehmens moderne Wohnungen für seine Mitarbeiter. Außerdem konnte er sich, seine Firma und deren Produkte gut verkaufen. Auf den Punkt gebracht: Er war Trommel, Bass und Trompete. Vor allem drehte sich immer alles um ihn. Seine Anweisungen waren Gesetz. Rolf gab sich nach der Übernahme der Geschäfte Mühe, nicht in Ungnade zu fallen. Sein Vater machte ihm das Leben zusätzlich schwer, indem er trotz seines offiziellen Rückzugs jeden Morgen um 7.30 Uhr in die Firma kam, um Zeitung zu lesen. Nicht nur, aber auch wegen dieses Rituals war sein Geist noch überall innerhalb der Unternehmensmauern präsent.

Rolf ist ein nicht besonders gut gestimmtes Klavier, eine passable Harfe (ohne ein brillanter Analytiker zu sein) und vor allem ein tüchtiger Bass. An meiner Schilderung merken Sie schon, dass es nicht nur auf die Instrumente ankommt, sondern auch darauf, wie gut sie jemand spielt. In einem virtuosen Orchester beherrscht jeder sein Instrument perfekt. Dafür muss er ausreichend geübt haben. Ich werde in späteren Kapiteln auf diesen Punkt zurückkommen. Jetzt geht es erst einmal weiter um die vier Grundkräfte im Team.

»I'm a working man, that's what I do
I'm a working man, just like you«
Glenn Frey »Working Man«

Rolf verlässt sich ganz auf seine Tatkraft. Wie er da so Stunden um Stunden am Schreibtisch sitzt, hat er das Gefühl, sich wirklich für die Firma einzusetzen und den Ansprüchen seines Vaters zu genügen. Als vorausschauender Unternehmer müsste er sich aber noch um etwas anderes kümmern. Seine Firma funktioniert nämlich buchstäblich »hinten und vorne« nicht: Es gibt zu wenig Innovationen. Und es wird zu wenig zu Ende gemacht. Wenn Sie jetzt im Kopf schnell schalten, wissen Sie: Eine Gitarre und ein Horn wären gut für das Führungsteam. Nützlich wäre außerdem noch eine Trommel, damit die hohe Schlagzahl, die »der Alte« in seinen besten Jahren vorgegeben hat, erhalten bleibt und die Firma es sich nicht zu leicht macht.

Leider sieht Rolfs Management-Team komplett anders aus: Der Verkaufsdirektor ist eine schief klingende Trompete und vor allem ein sehr tiefer Bass, der noch mehr Tatkraft ins Spiel bringt, als Rolf selbst schon beisteuert. Hornqualitäten fehlen beim Vertriebschef völlig, denn er verfolgt nichts nach, was er begonnen hat. Als weitere Führungskraft gibt es so eine Art Ziehsohn des »Alten«, der mit der Firma groß geworden ist. Dabei war der Senior immer der General und dieser Mann der Unteroffizier, der die Befehle ausgeführt hat. Noch ein Bass also. Und noch mal geballte Tatkraft. Der Finanzchef ist dann zu allem Überfluss auch noch Bass. Und dazu Harfe, wie es sich für einen »Zahlenmenschen« fast schon gehört. Dieses Führungsorchester bevorzugt also die ganz tiefen Töne. Und sein Lieblingstempo ist *lento:* langsam und gedehnt.

Ich möchte betonen, dass diese Leute menschlich alle zu 100 Prozent in Ordnung sind. Ihre Art hat teilweise etwas liebenswert Altmodisches. **Wer menschlich okay ist, kann trotzdem der Falsche sein.** Der Verkaufsdirektor zum Beispiel regelt immer noch alles am liebsten per Handschlag. Im Umgang mit Internet und E-Mail ist keiner besonders geschickt. Doch der Markt verlangt heute eindeutig mehr Schnelligkeit, Flexibilität und Innovation. Was also tun? Die beste Lösung wäre ein neuer Verkaufsdirektor. Eine richtig gute Trompete zum Beispiel, die mal für Schwung sorgt und neue Kontakte knüpft. Eine Gitarre und ein Horn wären außerdem dringend nötig. Doch von Outplacement und Umstrukturierung wollte dieses Bassorchester nichts wissen. Alles sollte so bleiben, wie es war.

Kurzfristig keimte einmal Hoffnung auf. Da gab es einen fitten jungen Produktionsleiter. Er war Trommel und Klavier, leider auch wieder ein **Keine Entscheidung, keine Veränderung!** wenig Bass. Als er in den Vorstand aufrückte, wollte er richtig Gas geben – und hatte sofort Streit mit dem Verkaufsdirektor. Wie so viele Manager, die nur noch mittelmäßige Ergebnisse erzielen, kümmerte sich der langjährige Verkaufsdirektor vor allem darum, seine Bastion zu verteidigen. Rolf hätte jetzt eine Entscheidung treffen müssen: Welche Musik wollen wir spielen? Welches Orchester brauchen wir dazu? Wer muss noch mehr üben, um auf seinem Instrument ein echter Virtuose zu werden? Doch Rolfs Ambitionen waren einfach begrenzt. Er wollte weitermachen wie bisher. Deshalb nahm der neue Produktionschef ihm die Entscheidung ab – und kündigte. Jetzt war wirklich alles wieder wie vorher.

Die Ziele jederzeit fest im Blick

Im Fußball könnte es sich kein Trainer dieser Welt erlauben, mit einem zu einseitig zusammengestellten Team einfach weiterzuspielen. Zeigt sich **Je härter der Wettbewerb, desto öfter auswechseln!** zum Beispiel im Spielverlauf, dass sich eine Mannschaft viel zu weit nach hinten stellt, ängstlich in der Defensive verharrt und keine Torchancen herausspielt, werden offensivere Spieler und Tempomacher eingewechselt. Spieler auszuwechseln ist auf dem Fußballplatz ein ganz normaler Vorgang. Genauso üblich ist es, den gesamten Kader immer wieder zu verändern. Mangelt es generell an offensiven Spielern, so werden sich die Führungskräfte des Vereins auf dem Spielermarkt oder im eigenen Nachwuchs nach solchen umschauen. Andere Spieler verlassen dafür den Verein, und zwar auch dann, wenn sie menschlich absolut in Ordnung und schon lange dabei sind.

Unternehmen, die in einem sehr harten Wettbewerbsumfeld agieren, müssen sich ähnlich verhalten wie eine Fußballmannschaft, wenn sie auf Dauer zu den Gewinnern gehören wollen. In der Firma von Rolf fehlte es dazu an der nötigen Entschlossenheit. Seine Mannschaft wollte ohne Auswechselungen auskommen. Unter den gegebenen Marktbedingungen wird das aber immer schwieriger. Mehr Willenskraft wäre nötig. Mehr Tempo. Auch ein bisschen Härte. Im Fußball sieht man sehr schön, wie viel ein oder zwei taktisch kluge Auswechselungen zur richtigen Zeit bewirken können.

Es kommt immer auf die Ziele an.  Bitte verstehen Sie mich an dieser Stelle nicht falsch. Ich empfehle nicht jeder Organisation, sich wie eine Fußballmannschaft zu verhalten und ihre Spieler ständig auszuwechseln. Wie Sie bereits gelesen haben, ist die richtige Mischung der Teamrollen immer davon abhängig, was die Ziele sind. Welches Stück soll gespielt werden? Das ist hier die Frage. Deshalb gilt: Wenn ein Unternehmen in einem harten Wettbewerbsumfeld seine Marktführerschaft verteidigen will und wenn im Team viel zu viel Tatkraft und kaum Willenskraft vorhanden ist, dann sind Veränderungen in der Zusammensetzung des Teams nötig. Sollen mit anderen Voraussetzungen in einem anderen Umfeld andere Ziele erreicht werden, dann fällt auch die Lösung anders aus.

 SO SIND SIE IM TAKT

Orientieren Sie Entscheidungen in Ihrem Team immer an den Zielen, die erreicht werden sollen. Die Ziele bestimmen, ob sich in Ihrem Team viel ändern muss, eventuell harte Einschnitte nötig sind oder ob kleine Korrekturen genügen.

Ich habe einmal eine andere Organisation kennengelernt, in der ebenfalls eine der vier Grundkräfte total dominierte. Diesmal war es die Gefühlskraft. Sie überwog hier sogar noch mehr als in Rolfs Firma die Tatkraft. Das war aber mit Rücksicht auf die Ziele gar nicht schlimm. Bei dieser Organisation handelt es sich nämlich um ein Altenpflegeheim. Als Trainer fand ich schnell heraus, dass die meisten der 200 Mitarbeiter Geigen waren. Das war auch kein Wunder, denn die hilfsbereite und soziale Geige fühlt sich in Pflegeberufen besonders wohl. Dazu gab es noch etliche Hörner. Also Gefühlskraft in den höchsten Tönen! Doch weshalb sollte das in diesem Fall ein Problem sein?

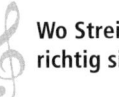 **Wo Streichorchester genau richtig sind**

Um zu verstehen, warum dieser Überschuss an Gefühlskraft völlig okay war, müssen Sie sich die Ziele eines Altenheims anschauen. Und da werden Sie schnell sehen, dass es hier nicht um Wachstum oder Gewinnmaximierung geht. Auch nicht darum, in einem harten Wettbewerb zu bestehen. Betriebswirtschaftliche Ziele stehen überhaupt erst an zweiter Stelle. An erster Stelle steht die liebevolle Pflege und Unterstützung alter und häufig außerdem kranker Menschen. Die Mitarbeiter wollen alles tun, damit diese Menschen sich wohlfühlen. Die Bewohner selbst haben auch keine großen Ziele mehr, bei denen sie Unterstützung bräuchten. Es geht mehr ums Loslassen.

In diesem Altenpflegeheim gab es dreimal so viel Gefühlskraft wie andere Kräfte. Nach den Geigen und Hörnern kamen dann die Bässe an dritter Stelle. Auch dieser große Anteil an aktiver Tatkraft war genau richtig. In einem Pflegeheim gibt es von früh bis spät jede Menge zu tun. Vieles ist Routine, manche unangenehme Arbeit muss gemacht werden und immer wieder gibt es plötzliche Notfälle. Genau das richtige Umfeld für einen Bass! Willenskraft war in diesem Umfeld dagegen nicht so nötig. Und Denkkraft am allerwenigsten. Ein Altenpflegeheim ist so ziemlich das genaue Gegenteil eines innovativen Unternehmens im harten Wettbewerb.

Unterm Strich konnte es das Pflegeheim also bei kleinen Korrekturen belassen. Ganz ohne Willenskraft und Denkkraft ging es aber auch hier

 **Manchmal genügen kleine Korrekturen.**

nicht. Ein Klavier mit Geige als Nebeninstrument ist in dieser Organisation als Führungskraft sehr gut einsetzbar. Eine weitere ausgeprägte Geige als Chef all der anderen Geigen wäre dagegen gefährlich für die Qualität der Pflege, eine Trommel wiederum eindeutig zu viel des Guten. An Denkkraft schließlich ist in diesem Pflegeheim sicherlich mehr die reaktive als die aktive Variante gefragt. Kreative Ideen sind nicht so wichtig, weil die Pflege stark standardisiert ist. Eine perfekt gestimmte Gitarre würde sich völlig unterfordert fühlen. Einige wenige Harfen sind hier jedoch sehr gut, schon allein, um die Zahlen im Blick zu behalten. Sonst sind die ganzen Streicher auf den Stationen am Ende total perplex, wenn für dringend nötige Renovierungen kein Geld da ist.

Die vier Grundkräfte und das Lebensalter Es gibt übrigens noch einen anderen Grund dafür, dass gerade in einem Altenpflegeheim die Gefühlskraft so sehr dominiert. Rob Groen, der in Holland die Trainer nach der Methode von Belbin ausbildet und zertifiziert, hat einmal dargelegt, wie sich die vier Grundkräfte im Hinblick auf unser Lebensalter verhalten. Wir starten demnach als kleine Kinder vollkommen gefühlsgesteuert. Dann kommen in der weiteren Kindheit und Jugend erst Tatkraft und danach Willenskraft hinzu. Beim Erwachsenen prägt sich schließlich als Letztes die Denkkraft voll aus. Im Alter geht es dann auf genau dem umgekehrten Weg wieder zurück. Am Schluss bleibt wieder die Gefühlskraft übrig, über die auch schwer Demenzkranke noch zu erreichen sind. Die vier Kräfte sind also etwas sehr Universelles. Werfen Sie in Ihrem Team immer mal wieder einen Blick darauf, dann verstehen Sie vieles besser.

DA CAPO

In jedem Team wirken die vier Grundkräfte Gefühlskraft, Tatkraft, Willenskraft und Denkkraft. Sind einzelne Kräfte stark über- oder unterrepräsentiert, kann das zu Problemen führen.

Wo die Zusammensetzung eines Teams nicht stark verändert werden kann, ist es möglich, über die Aktivierung von Nebeninstrumenten einzelner Teammitglieder eine neue Balance der Kräfte herzustellen.

Erstrebenswert ist nie eine absolute Balance aller Kräfte, sondern immer die beste Zusammensetzung zur Erreichung eines Ziels.

DIE VIELFALT DER TEAMROLLEN ERKENNEN UND NUTZEN

»Harmony of our diversity
means accountability«
Earth, Wind & Fire »Revolution«

»Kommt zum Treffen«, hatte Rommy gesagt. »Aber nur, wer Lust hat.« Die neue Schulleiterin legt Wert auf Freiwilligkeit. Es kommen 40 Lehrer. Fast das ganze Kollegium. Nur eine Lehrerin hat keine Lust. Das Motto des Treffens ist ein derbes Sprichwort. Es ist schließlich eine Berufsschule für landwirtschaftliche Berufe. Also heißt es: »De koe in de kont kijken.« Ja, wir schauen da rein, wo bei der Kuh der gute Dünger rauskommt. Wo es aber nicht besonders gut riecht. Das ist jetzt egal. Der ganze Mist muss auf den Tisch. Nur wer die Realität akzeptiert, kann sie verändern. Und genau das hat Rommy vor.

Lehrer unter Erfolgsdruck  Das Schulsystem ist bei uns in Holland etwas anders als in Deutschland. Auch öffentliche Schulen müssen aktiv um Schüler werben. Die Eltern haben völlige Wahlfreiheit, auf welche Schule sie ihre Kinder schicken. Je besser eine Schule ist und je mehr Schüler sie hat, desto mehr Geld bekommt sie aus der Staatskasse. Das Budget einer Schule ist also an ihre Leistung gekoppelt. Genau wie ein Unternehmen muss eine Schule deshalb um Eltern und Schüler als »Kunden« werben und ihnen etwas bieten. Berufsschulen sollten sich außerdem darum bemühen, die besten Unternehmen der Region als Kooperationspartner zu gewinnen. Denn dort, wo ein Berufsschüler den praktischen Teil seiner Ausbildung absolviert – da haben wir das gleiche duale System wie Deutschland –, kann er sich anschließend gute Chancen auf einen festen Job ausrechnen.

Rommy war ursprünglich Lehrerin und Teamleiterin an einer Schule. Irgendwann hatte sie sich entschlossen, die Schule zu verlassen und eine Trainerausbildung zu machen, um ihren Horizont zu erweitern. Anschließend arbeitete sie einige Zeit als Trainerin für die Firma »Cat Consultants«, die ich mit meiner Frau Jacqueline Anfang der 1990er-Jahren gegründet hatte, und in unserem Trainernetzwerk. Dann bekam sie die Chance, Schulleiterin zu werden und ihre neuen Fähigkeiten in ihrem alten Umfeld unter Beweis zu stellen. Es gab nur einen winzigen Haken: Rommy kam an eine der miesesten Berufsschulen hier im Süden des Landes. Doch der Friesin machte das gar nichts aus. Im Gegenteil, sie sagte sich: »Super, jetzt kann ich endlich mal umsetzen, was ich so draufhabe! Je größer die Herausforderung, desto besser.« Und das hier war eine verdammte Herausforderung.

Seit Jahren waren die Schülerzahlen an Rommys Schule rückläufig. Deshalb kam auch immer weniger Geld vom Staat. Die meisten Lehrer hatten innerlich gekündigt. Niemand übernahm gerne Verantwortung. Wenn die Kollegen miteinander redeten, dann stritten sie sich meistens. Oder sie bestätigten sich gegenseitig in ihrem Pessimismus. »Das kann hier nichts mehr werden«, hieß es dann. Eine gemeinsame Zukunftsvision für die Schule existierte nicht. Die Vorschläge der Schulaufsicht wurden im Kollegium mit Misstrauen betrachtet und nach Möglichkeit boykottiert. Einmal sagte ein Lehrer:»Ich würde meine eigenen Kinder niemals auf diese Schule schicken.« Und alle nickten. So war die Stimmung. Diese Schule stand kurz vor der Schließung.

 Wenn das Team schon innerlich gekündigt hat

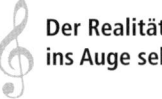 **Der Realität ins Auge sehen**

Der erste positive Schritt war getan, als alle (bis auf eine) sich bereit erklärten, der Wirklichkeit schonungslos ins Auge zu sehen. Die Lehrer waren so weit, sich die ganze Misere anzuschauen. Bei den meisten schlummerte tief in ihrem Inneren wahrscheinlich doch noch ein Funken Idealismus. Und ein Quäntchen Veränderungsbereitschaft.

Ohne diese Reste an positiver Einstellung hätte es nicht funktioniert, diese Schule umzukrempeln. Rommy hatte bei dem Auftakt-Meeting außerdem Gelegenheit, sich ihr Orchester noch mal ganz genau anzuschauen. Welche Instrumente waren überhaupt im Angebot? Und wie verstimmt waren sie wirklich?

Welches Team sind wir und was wollen wir?

 **Die Ziele und das Team müssen zueinanderpassen.** Zu jeder gelungenen musikalischen Aufführung gehören vier Komponenten: Erst einmal müssen die Noten gut sein. Eine schlechte Partitur klingt auch beim besten Orchester schlecht. Dann muss das Orchester für die Partitur passend zusammengestellt sein. Eine Blaskapelle kann nun einmal keine Sinfonie von Gustav Mahler aufführen. Obwohl Mahler am Blech wirklich nie gespart hat! Umgekehrt würde sich das weltberühmte »Concertgebouworkest Amsterdam« auch für noch so viel Geld nicht dafür hergeben, ein Schlagersternchen beim Eurovision Song Contest zu begleiten. Das entspräche einfach nicht dem Niveau dieses Sinfonieorchesters. Als dritte Komponente müssen gelungene Proben hinzukommen, in denen sich alle Musiker aufeinander abstimmen. Und schließlich muss viertens auch das Zusammenspiel bei der Aufführung klappen.

In diesem Kapitel geht es darum, was Sie aus der Zusammenstellung Ihres Orchesters musikalisch machen können. Also um die Punkte eins und zwei. Von der Bildebene auf die Sachebene übertragen bedeutet das: Welche Teamrollen finden Sie in Ihrem Team vor, welche Rollen könnten Sie sonst noch aktivieren und welche Ziele können Sie gemeinsam erreichen, wenn sich alle einig sind? Genauso hat auch Rommy in ihrer neuen Stellung als Schulleiterin angefangen. Erst einmal verschaffte sie sich selbst Klarheit darüber, welche Instrumente sie bei diesen 41 Lehrern überhaupt zur Verfügung hatte. – Halt, stopp! Noch einen Schritt zurück: Rommy reflektierte erst einmal ihre eigenen Rollen. Das ist für jeden Teamleader enorm wichtig.

 **Zunächst die eigene Teamrolle bewusst einnehmen …** Rommy ist Bass, Klavier und Geige. In ihrer Zeit als Trainerin war sie sehr tüchtig gewesen und hatte ein hohes Pensum an Seminartagen bewältigt. Dank ihrer Geigenqualitäten hatte sie gleichzeitig immer ein

gutes Verhältnis zu den Teilnehmern und bekam durchweg positive Feedbacks. Jetzt war ihr klar, dass sie in der Schule viel mehr Klavier spielen musste. Das kostete sie ein wenig Mut. Aber als sie diesen aufbrachte, glänzte sie geradezu in der Rolle des Klaviers: Sie nahm die Sache in die Hand und koordinierte den Veränderungsprozess, ohne jemandem ihre Meinung aufzuzwingen. Ihre natürliche Autorität zeigte sich bereits darin, dass 40 von 41 Lehrern ihrer Einladung zu einem Treffen auf freiwilliger Basis gefolgt waren.

Was für Instrumente standen ihr da nun gegenüber? Zunächst einmal Bässe, viele Bässe. Die Arbeit machen, ohne lange zu diskutieren, lautete **… dann die Zusammenstellung des Orchesters erkennen!** ihre Devise. Sie liebten die Routine und betrachteten die Ideen der Schulaufsicht als Versuch, sie von der Arbeit abzuhalten. Dumm nur, dass diese Schule dringend frischen Wind brauchte, um mehr Schüler anzuziehen und der Schließung zu entgehen. Neue Ideen waren aber auch den ebenfalls überdurchschnittlich stark vertretenen Hörnern nicht willkommen. Wenn ein Horn schlechte Laune hat, wird es hyperkritisch, und niemand kann es ihm mehr recht machen. Und an der Schule war auch in den Reihen der Hörner die Stimmung im Keller.

 SO SIND SIE IM TAKT

Nehmen Sie sich als Teamleader immer erst Zeit, die Vielfalt Ihres Teams zu verstehen. Fragen Sie sich: Wer spielt welches Instrument und wie gut? Welche Grundkräfte dominieren? Wer traut sich nicht, »sein« Instrument zu spielen? Wer vernachlässigt Nebeninstrumente?

»Ich habe schon immer gesagt, dass das so nicht geht«, lautete eines der Leitmotive der Hörner, das immer wieder anklang. Jeder positive Ansatz  **Wer ist Dipper und wer Diller?** wurde von ihnen schlechtgeredet. Solche Leute im Team, auch wenn es keine Hörner sind, nenne ich »Dipper«. DiP steht für »Denken in Problemen«. Dipper sehen überall Probleme – und im Extremfall gar keinen Ausweg mehr. Dringend nötig waren hier mehr »Diller«. DiL heißt »Denken in Lösungen«. (Prima, dass meine Abkürzungen auch auf Deutsch funktionieren!) Die Fähigkeit, lösungsorientiert zu denken, war dem Kollegium fast vollständig abhandengekommen. Daran änderten auch die Geigen nichts, die die dritte große Gruppe stellten. Auch sie konzentrierten sich auf die Probleme – um sie dann möglichst schnell unter den Teppich zu kehren. Um des lieben Friedens willen, wie immer bei Geigen.

Trommeln und Klaviere gab es an der Schule kaum. Doch immerhin, es gab sie! Vielleicht ließe sich da ja was machen? Im Moment fühlten sie sich so sehr in der Minderheit, dass sie sich nicht trauten, ihre Stärken auszuspielen, sprich: die Arbeit auf Ziele auszurichten und Führungsverantwortung zu übernehmen. Teammitglieder mit aktivierten Harfeneigenschaften gab es so gut wie gar nicht. Und auch das hatte Konsequenzen. Die auffälligste lautete: Bloß nicht nachdenken! Augen zu und durch! Da richteten auch die zwei Gitarren nichts aus. Sie hatten zwar immer wieder Ideen, aber sie trauten sich nicht, mit konkreten Vorschlägen auf ihre Kollegen zuzugehen. Der negative Konsens war einfach zu erdrückend.

Das Team ist ein Chaos-Orchester – was jetzt?  Dieses Lehrerkollegium war ein richtiges Chaos-Orchester, das außerdem nach einer wirklich schlechten Partitur spielte und sich standhaft weigerte, neue Stücke einzustudieren. Da Schulleiterin Rommy zuvor Trainerin nach dem Modell von Belbin gewesen war, blieb sie trotzdem optimistisch. Sie wusste: Wo du 40 Leute hast, da hast du meistens auch genügend Instrumente. Menschen sind immer verschieden und bringen unterschiedliche Charaktereigenschaften und Talente mit zur Arbeit. Wenn es trotzdem nicht läuft, dann spielen zu viele Leute ihre Instrumente schlecht. Oder sie spielen ihr Hauptinstrument gar nicht. Oder sie vernachlässigen ihre Nebeninstrumente. Doch bevor Rommy ihr Orchester umbaute, machte sie sich an die Partitur.

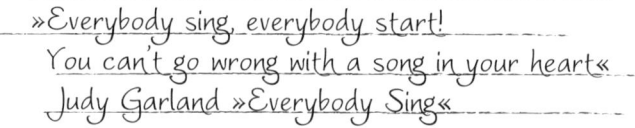

»Everybody sing, everybody start!
You can't go wrong with a song in your heart«
Judy Garland »Everybody Sing«

Alles, was klingen kann, zum Klingen bringen

Wenn ein Team nicht mehr weiß, wozu es überhaupt da ist und welche Ziele erreicht werden
sollen, dann ist erst einmal Denkkraft gefragt.

 **Eine neue, gemeinsame
Vision entwickeln**

Eine neue Vision muss her. Rommy hatte es an ihrer Schule geschafft,
dass praktisch alle Lehrer bereit waren, der Wahrheit ungeschönt ins
Auge zu sehen. Die Sache mit der Kuh, Sie erinnern sich bestimmt!
Jetzt konnte aber niemand mehr ernsthaft behaupten, dass alles so
bleiben solle, wie es ist. Rommy aktivierte vor allem die Gitarren und
Klaviere, um in einem Projektteam ein neues Unterrichtskonzept zu
erstellen. Und war da nicht irgendjemand, der als Nebeninstrument
die Harfe beherrschte? Er war hier ebenso willkommen, damit realis-
tische und umsetzbare Vorschläge entstehen konnten.

Den Klavieren kam entgegen, dass man nicht bei null anfangen musste, sondern es schon viele Vorschläge der zentralen Schulaufsicht gab.
Die Frage war: Was davon wollen wir übernehmen und welche eigenen Ideen haben wir noch? Um solch einen Klärungsprozess zu mode-
rieren, sind Teammitglieder mit Klavierqualitäten bestens geeignet. Sie
schaffen es außerdem, an der richtigen Stelle »den Sack zuzumachen«,
also die Diskussion zu beenden und von da an alle auf die neue Vision einzuschwören. Der Projektgruppe gelang es tatsächlich, in einem
überschaubaren Zeitraum ein neues Unterrichtskonzept zu entwerfen.
Rommy ließ sämtliche Lehrer über das neue Konzept abstimmen. Es
erhielt gut 75 Prozent Zustimmung. Die erste Hürde war genommen.

Um das neue Konzept im folgenden Schuljahr
in die Tat umzusetzen, war nach der Denkkraft
nun auch geballte Willenskraft nötig. Rommy

 **Nach der Denkkraft
kommt die Willenskraft
zum Zug …**

lockte ihre Trommeln und Klaviere noch mehr aus der Reserve und
machte sie durch Coaching mental stark, damit sie in mehreren neu
gebildeten Arbeitskreisen Verantwortung übernehmen konnten.
Überhaupt setzte Rommy ihre Erfahrung im Coaching ein, damit alle
lernten, ihre Instrumente besser zu spielen, oder sich trauten, bisher
ungewohnte Instrumente zu spielen. War da nicht irgendwo auch
eine Trompete? Rommy sorgte dafür, dass sie ihre Trompeteneigen-

schaften endlich positiv einsetzen konnte. Dieses Teammitglied sollte sich jetzt um Öffentlichkeitsarbeit kümmern und das lange Zeit völlig vernachlässigte Networking zu Betrieben in die Hand nehmen. Das machte diese Trompete nach kurzer Zeit glänzend.

... bis alles tatkräftig umgesetzt wird.  Auch die Tatkraft der Bässe konnte sich jetzt endlich mal an der richtigen Stelle entfalten. Nämlich bei der Umsetzung eines stimmigen Konzepts. Bei dessen Kommunikation an Eltern und potenzielle Schüler waren wiederum die Geigen gefragt. Sie rückten alles ins beste Licht. Und die so kritischen Hörner? Sie besannen sich auf ihre positiven Qualitäten und sorgten dafür, dass die Aufführung nach der neuen Partitur reibungslos lief. Die Gitarren waren weiterhin gefragt, kreative Ideen einzubringen, damit das einmal erarbeitete Konzept nicht statisch wurde, sondern ständig Impulse zur Weiterentwicklung bekam.

Nach drei Jahren eine Modellschule  Es dauerte drei Jahre und Rommys Schule war nicht mehr wiederzuerkennen. Hier brachte jetzt ein volles Orchester mit allen Instrumenten eine meisterhafte Partitur zum Klingen. Dank intensivem Coaching kannten alle ihre Haupt- und Nebeninstrumente und setzten sie zum Vorteil der ganzen Schule ein. Gefühlskraft, Tatkraft, Willenskraft und Denkkraft befanden sich in der richtigen Balance. Es kamen immer mehr neue Schüler, das Budget stimmte wieder, und auch die Kooperationen mit den landwirtschaftlichen Betrieben waren erfolgreicher als jemals zuvor. Und Rommy? Sie kündigte und suchte sich die nächste schlechte Schule zum Umkrempeln. Da ist sie immer Bass geblieben: Wenn es wie von selbst läuft und keine Krisen zu bewältigen sind, fühlt sie sich unterfordert.

 SO SIND SIE IM TAKT

Coaching ist der beste Weg, alle Instrumente Ihres Teams zum Klingen zu bringen. Durch intensives Coaching lernt jedes Teammitglied, die passende Rolle immer besser zu spielen oder überhaupt erst in seine Paraderolle zu wechseln.

Durch geduldiges Coaching haben alle Lehrer in  **Erfolgsfaktor Coaching** diesem Kollegium gelernt, das richtige Instrument zu spielen und darauf zur Meisterschaft zu gelangen. Coaching ist immer ein wesentlicher Schlüssel zur Teamentwicklung. Es sollte hier jedoch nicht der Eindruck entstehen, dass sich jedes vom Teamleader oder der Mehrheit der Gruppe gewünschte Ergebnis »zurechtcoachen« lässt. Coaching ist grundsätzlich ein offener Prozess und kann auch zu überraschenden Ergebnissen führen. Wenn ein Teammitglied es einfach nicht schafft, mit seinen Instrumenten in dem bestehenden Orchester nach den vorgegebenen Noten harmonisch mitzuspielen, braucht es eventuell eine neue Perspektive. Dies kann ein Beispiel aus meiner eigenen früheren Trainingsfirma verdeutlichen.

> »This is the story of Dr. Heckyll and Mr. Jive
> They are a person who feels good to be alive«
> Men at Work »Dr. Heckyll and Mr. Jive«

Unsere Trainerin Lieke war eine starke Trommel  **Wenn jemand zwei inkompatible Rollen einnimmt** und gleichzeitig eine ausgeprägte Geige. Eine seltene und schwierige Kombination! Wo eiserner Durchsetzungswille sich mit Feinfühligkeit und großem Harmoniebedürfnis verbindet, entstehen schnell paradoxe Situationen. So auch in unserem Team. Wir bekamen das jeden Freitag zu spüren. Da hatten wir unsere regelmäßige Teambesprechung mit allen Trainern, wo wir uns zu den Trainings der zu Ende gehenden Woche gegenseitig Feedback gaben und neue Pläne schmiedeten. Mit Lieke gab es hier jede Woche Stress. Sie berichtete nicht nur von dem Ärger, den sie permanent mit Kunden hatte, sondern brüllte auch ihre Kollegen im Team an, sobald sie jemand auf ihren eigenen Anteil an einem Konflikt hinwies. So gesehen war Lieke einfach eine extreme Trommel.

Im nächsten Moment knickte sie aber jedes Mal ein. Sie war dann oft den Tränen nahe und es tat ihr unendlich leid, was sie gegenüber einem Kunden oder gerade in der Runde gesagt hatte. Es schien jetzt, als wollte sie alles dafür tun, um die Harmonie wiederherzustellen. Bis zu ihrem nächsten Wutausbruch, mit dem das Spiel in die nächste Runde ging. Wir sagten auf Holländisch über Lieke, sie sei »de bikkel of de muts« – etwas frei übersetzt heißt das »entweder Schlagstock oder Schlafmütze«. Wie alle unsere Trainer war sie talentiert und hatte die besten Absichten. Doch sie konnte sich einfach nicht konsequent für eine der beiden Rollen entscheiden. Ihre innere Zerrissenheit spiegelte sich in der äußeren Situation. Das trieb ihre Kunden und uns als Team fast in den Wahnsinn.

Auswege auch außerhalb des Teams suchen  Die Situation eskalierte, als eine kreative Gitarre ins Team kam. Das war ein sehr talentierter junger Mann, der gerade sein Psychologiestudium beendet hatte und viele Ideen mitbrachte. Eine Gitarre hatten wir dringend nötig. Wir erhofften uns von ihr auch Impulse zur Lösung des Problems mit Lieke. Doch das Gegenteil geschah: Lieke haute jetzt erst recht auf die Pauke und hatte mit unserer Gitarre ständig Krach. Alles Coaching nutzte nichts, weil Lieke einfach noch nicht die Lebenserfahrung hatte, um ihre widersprüchlichen Instrumente in den Griff zu bekommen. Schließlich veränderten wir das Ziel des Coachings dahin gehend, Lieke eine neue berufliche Perspektive zu eröffnen. Das fiel uns schon allein betriebswirtschaftlich betrachtet nicht leicht, weil Lieke – typisch Trommel – jede Menge Umsatz machte.

Klarheit durch intensives Coaching  Das weitere Coaching brachte Klarheit. Es zeigte sich immer deutlicher, dass Lieke ein Autoritätsproblem hatte, das in ihrem Elternhaus wurzelte. Sie hatte ein schlechtes Bild von Unternehmern und ließ das sowohl ihre Kunden als auch ihre eigenen Chefs spüren. Als Lösung bot sich da an, dass sie sich selbstständig machte und somit selbst die Rolle der Unternehmerin einnahm. Tatsächlich wählte Lieke diesen Weg und ging ihn mit Erfolg. Sie gründete ihre eigene Trainingsfirma und lernte in dieser Eigenverantwortung immer besser, Wille und Gefühl, Trommel und Geige, an der richtigen Stelle und in der richtigen Dosis einzusetzen.

Heute trommelt Lieke immer noch, aber nicht mehr wie beim Hardrock, sondern eher wie beim Jazz. Ihre Trommeleigenschaften machen sie zu einer Unternehmerin, die genügend Drive hat, um immer an genügend Aufträge zu kommen und diese dann zügig abzuarbeiten. Im Umgang mit Kunden und Mitarbeitern weiß Lieke sich jetzt aber auch als Geige richtig ins Spiel zu bringen. Sie kommuniziert geschickt und sorgt für harmonische Beziehungen. Mit der Zeit hat sie gelernt, genau im richtigen Moment die Rolle zu wechseln. So ist aus einer Schwäche eine Stärke geworden. Was den meisten Menschen schwerfällt, nämlich hier Brücken zu bauen und dort auch mal Nein zu sagen, beherrscht Lieke jetzt meisterhaft. Doch diesen Entwicklungsschritt konnte sie in ihrem alten Team einfach nicht machen.

Wenn jemand zwei sehr unterschiedliche Grundkräfte in sich vereinen will, so wie Lieke aktive Willenskraft und reaktive Gefühlskraft, dann ist das nie einfach. Einerseits ist da die klare Fixierung auf Erfolge, koste es, was es wolle. Andererseits ist da gleichzeitig der Wunsch nach reibungslosen Prozessen und Harmonie im Alltag. Wer mal Trompete und mal Harfe ist, hat es auch nicht viel leichter. Er wird mal impulsiv die Dinge vorantreiben und dann wieder konservativ darauf beharren, dass alle neuen Ideen unausgegoren sind und man besser keine Risiken eingehen sollte. Noch ein Beispiel: Ein Mensch, der genauso gut Gitarre wie Klavier sein kann, muss sich immer wieder entscheiden, ob er jetzt gemeinsam mit anderen Resultate erzielen oder für sich alleine kreativ sein möchte.

Diese Probleme mit unterschiedlichen Kräften sollten Sie jedoch nicht zu dem Umkehrschluss verleiten, dass es grundsätzlich leichter wäre, **Zu ähnliche Rollen gehen auch nicht leicht zusammen.** wenn jemand zwei ähnliche Instrumente spielen will. Im Gegenteil, auch das hat seine Tücken. Nimmt jemand abwechselnd Instrumente mit derselben Grundkraft ein, so dreht er sich nämlich schnell im Kreis. Gitarre und Harfe zum Beispiel stehen beide für die Denkkraft. Wer zwischen diesen beiden Instrumenten wechselt, kann sich leicht selbst blockieren, indem er die Ideen, die er als Gitarre hat, in der Rolle der Harfe sofort wieder zerpflückt. Solche Menschen gibt es tatsächlich. Sie sind ihre eigenen größten Kritiker und blockieren so den

Fluss ihrer Kreativität ungemein. Allerdings kenne ich auch einen Mann, der mit dieser Kombination glänzend zurechtkommt. Es ist Rob Groen, der in Holland die Belbin-Trainer ausbildet.

Bewusste Entscheidung für die situativ angemessene Rolle  Problematisch ist auch der Wechsel zwischen den Rollen Bass und Trompete. Beide stehen für die Tatkraft. Als Bass will jemand permanent Ideen umsetzen, aber keine neuen aufnehmen. Und als Trompete ist es umgekehrt. Auch hier droht ein Kreislauf. Die Lösung liegt immer in der bewussten Entscheidung, in einer bestimmten Situation eine bestimmte Teamrolle einzunehmen. In der Regel wird das – mit Unterstützung durch Coaching – im bestehenden Team klappen. Wo es aber einmal nicht funktioniert, sollten Mitglieder den Mut haben, das Team zu verlassen und sich ein neues Umfeld zu suchen, in dem sie ihre Instrumente dann meisterhaft einsetzen können.

Teamrollen aktivieren, um Geschäftspotenziale zu heben

Sie sind gut. Richtig gut. Und es sind echte Tekkies. Computerfreaks, die wahrscheinlich schon im Kindergarten ihre ersten Programme geschrieben haben. Und dann irgendwann die Chance hatten, ihr Hobby zum Beruf zu machen. Jetzt sind sie gemeinsam die IT-Division eines weltweit tätigen Unternehmens. Leisten Service für Kunden in ganz Europa. Verstehen sich blind. Verbringen die Abende zusammen beim Sport – oder vor den Computern in der Firma. Sie machen einen prima Job. Und sind doch unzufrieden. Irgendwo ist da das Gefühl, dass nicht alle PS auf die Straße kommen. Da ginge mehr. Aber wo hakt es?

Die Globalisierung hat eine Reihe von Unternehmen hervorgebracht, die es in dieser Form früher nicht gab. Weltunternehmen, die nicht aus sich heraus gewachsen sind, sondern ihre Expansion dem Zukauf von ähnlichen Firmen auf allen Kontinenten der Erde verdanken. Da war der Stammsitz vielleicht in Hongkong, dann kam eine australische Firma hinzu. Nach dem Kauf einer Firma in Houston wurde in den USA expandiert. Dann kam Amsterdam, und durch Akquisition weiterer Firmen in Deutschland, Belgien, Österreich, Italien und Spanien wurde eine Division Western Europe daraus. Solche Konzerngebilde aus kleinen, ehemals unabhängigen Einheiten sind ziemlich komplex, weil hier nicht nur grundverschiedene Menschen aufeinandertreffen, sondern auch unterschiedliche Unternehmenskulturen zu einer einzigen verschmolzen werden.

Das Team einer IT-Abteilung, die bei einer solchen Firma die Services für Westeuropa bereitstellte, habe ich einmal kennengelernt. Die Computerspezialisten  **Nicht ausreichend genutztes Potenzial** hatten viel zu tun. Damit alle die kleinen, ehemals selbstständigen Firmen überall in Europa reibungslos zusammenarbeiteten, gab es täglich eine Reihe von Problemen zu lösen. Es zeigte sich dennoch schnell, dass dieses Team sein Potenzial nicht ausnutzte. Alle spürten, dass man mehr machen könnte, doch niemand wusste den Weg. Diese IT-Division hätte jede Menge Ideen entwickeln können, um die Logistik noch effizienter zu machen und die einzelnen Standorte zum Nutzen des Kunden noch besser zu verknüpfen. Das Team hätte nicht nur Problemlöser sein können, sondern ein Motor der Wertschöpfung.

Internes Marketing war jedoch etwas, das dieses Team überhaupt nicht beherrschte. Niemand unter den Tekkies  **Internes Marketing? Nie gehört!** kümmerte sich darum, die Services des Teams allen Einheiten der Unternehmensgruppe schmackhaft zu machen. Somit blieben zahlreiche Potenziale für das gesamte Unternehmen ungenutzt. Wegen der Profitcenter-Struktur war diese Situation aber auch für die IT-Division selbst nachteilig. Sie schöpfte ihr Umsatzpotenzial bei Weitem nicht aus – was sich unmittelbar auf die erfolgsabhängigen Gehälter auswirkte. Angesichts dieser Ausgangslage wunderte ich mich nicht, als ich in dem Team keine einzige Trompete identifizieren konnte. Eine Trompete hätte bestimmt Lust gehabt, mal anderswo vorzuspielen. Doch so gab es niemanden, der für die Leistung des Teams draußen Werbung machte.

Wie zu erwarten gab es viele Harfen in diesem Teamorchester. IT basiert nun mal auf Zahlen, Daten und Fakten. Und das ist das Metier der Harfe. Hinzu kamen eine Menge Bässe. Das waren die Leute, die bis spätabends vor den Bildschirmen hockten. Arbeit gab es immer genug, was für die Bässe sehr erfreulich war. Überdurchschnittlich viele Hörner kamen hinzu, die dafür sorgten, dass der Laden lief. Sie hatten sämtliche Termine und jedes Detail eines Auftrags im Blick und stellten reibungsloses Projektmanagement sicher. Neben Trompeten fehlten nun aber auch Trommeln und Klaviere nahezu völlig. Es gab nur ein einziges Teammitglied, das diese Eigenschaften bei sich aktiviert hatte. Gitarren- und Geigenqualitäten waren schließlich durchschnittlich vertreten.

Zu viel Denkkraft und Gefühlskraft 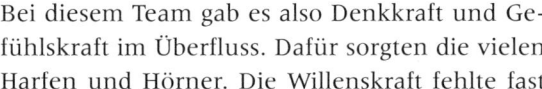 Bei diesem Team gab es also Denkkraft und Gefühlskraft im Überfluss. Dafür sorgten die vielen Harfen und Hörner. Die Willenskraft fehlte fast vollkommen, während die Tatkraft nur in der ernsten, nüchternen, introvertierten Ausprägung des Bass vorhanden war. Bereits eine einzige Trompete hätte überall begeistert von der Leistungsfähigkeit dieses Teams erzählt. Doch so betrieben die Harfen und Hörner permanent Nabelschau, was die Bässe achselzuckend zur Kenntnis nahmen. Tatsächlich muss sich vieles im Kreis drehen, wenn die Denkkraft von Harfen dominiert und von der reaktiven Gefühlskraft der kritisch beobachtenden Hörner noch unterstützt wird.

Mehr Wille zum Erfolg, bitte! Die Qualität der Arbeit dieses IT-Teams war wirklich ganz ausgezeichnet. Alles war durchdacht und strukturiert. Die Projekte wurden fleißig umgesetzt und rechtzeitig zu Ende gebracht. Aber es gab eben diese Unzufriedenheit. Alle wussten, dass sie ihr Potenzial nicht ausschöpfen. Bewegung hätte jetzt aus mehreren Richtungen kommen können. Der größte Hebel war jedoch erst einmal die Trommel. Das Team musste mit starker Willenskraft aus seiner kritisch-analytischen Selbstbezogenheit herauskommen. Mehr Tempo und mehr Erfolgsdruck waren nötig. Auch mehr Ergebnisbezogenheit. Denn was nützt die eleganteste Lösung, wenn sie viel Zeit kostet und wenig Geld bringt?

SO SIND SIE IM TAKT

Beginnen Sie mit Veränderungen nach Möglichkeit dort, wo die größte Hebelwirkung zu erwarten ist: Welches Instrument wird am dringendsten gebraucht? Dann verfeinern Sie Ihr Orchester Schritt für Schritt, indem Sie weitere Instrumente aktivieren.

Zu den Trommeln sollten sich am besten Klaviere gesellen. Harfen und Hörner lassen sich nicht gerne zu sehr unter Druck setzen. Klaviere können hier mäßigend wirken, ohne die Ziele aus dem Blick zu verlieren. Wenn das Team dann einmal Fahrt aufgenommen hat, braucht es extrovertierte Tatkraft, um die Dinge nach außen zu tragen. Also Mitarbeiter mit Trompetenqualitäten. Ganz praktisch und konkret wäre das Beste ein Renommierprojekt, bei dem sich das Team zunächst richtig ins Zeug legt und sein volles Leistungspotenzial abruft, um sich anschließend draußen mit diesem Erfolg zu präsentieren.

Es war außerdem so, dass die Unternehmenszentrale Ressourcen von der IT abzog und in den Vertrieb steckte, um dem schwieriger werdenden Marktumfeld zu begegnen.  **Neue Chancen erkennen und nutzen** In der IT war man es gewohnt, diese Rahmenbedingungen als gegeben hinzunehmen und sich danach zu richten. Mithilfe des Orchestermodells ging dem Team plötzlich ein Licht auf: Wenn nur einige die Rollen wechseln würden, könnte man die Bedingungen ja tatsächlich beeinflussen! Sich also zum Beispiel selbst besser verkaufen, statt die Außendarstellung dem Vertrieb zu überlassen. Oder sich eigene Ziele setzen, statt nur auf Zielvorgaben aus dem Topmanagement zu warten.

Das Team entschloss sich, diesen Weg zu gehen. Dazu aktivierten mehrere Teammitglieder ihre bisher unbenutzt herumliegenden Nebeninstrumente Trommel, Klavier beziehungsweise Trompete. Einige verzichteten um des Teamerfolgs willen sogar vorübergehend darauf, ihre Lieblingsinstrumente zu spielen. Schon nach kurzer Zeit kam so viel Musik in dieses Team, dass es darüber nachdachte, sich selbstständig zu machen und seine Leistungen auf eigene Rechnung an die eigene und andere Firmen zu verkaufen.

»I'm listening now
Trying to get it right
Tryin to figure it out somehow«
Joe Cocker »I'm Listening Now«

Wenn alle einander zuhören, hören sie ganz neue Töne

Alle Facetten des Teams wahrnehmen Haben Sie schon einmal im Konzertsaal in der ersten Reihe ganz rechts außen gesessen? Wenn ein großes Sinfonieorchester spielt, hören Sie dort hauptsächlich die Bässe. Und wenn Sie Pech haben und auch noch die Akustik schlecht ist, dann werden Sie die einen oder anderen sanften Harfenklänge auf diesem Platz vielleicht überhören. Auch nicht viel besser dran sind Sie unter Umständen, wenn Sie auf einer Empore hinter dem Orchester sitzen. Dann können Sie zwar immer schön den Dirigenten beobachten, bekommen aber vom Gesang einer Solistin wenig mit. Denn die singt genau in die andere Richtung. Hören Sie dasselbe Konzert dann später noch einmal im Radio oder auf CD, werden Sie möglicherweise staunen. Der Tonmeister hat jetzt alle Instrumente und Stimmen harmonisch abgemischt. Sie hören jeden Einsatz, keiner ist zu laut oder zu leise – ein ganz anderes Klangerlebnis.

Bei Teams ist es ganz ähnlich. Wenn Sie sich mit den unterschiedlichen Teamrollen noch nicht näher beschäftigt haben, dann werden Sie diejenigen am meisten wahrnehmen, die Ihrem eigenen Standpunkt am nächsten sind oder die sich am stärksten in den Vordergrund drängen. Mit der Zeit schulen Sie Ihr Gehör und können immer mehr einzelne Instrumente heraushören. Das heißt, Sie nehmen in Ihrem Team wichtige Rollen wahr, die Sie bisher übersehen haben.

Zum Beispiel eine ausgleichende Geige, die von einer lauten Trommel übertönt wird, sobald Sie nicht genau hinhören. Am Schluss kennen Sie Ihr Orchester in allen Facetten und können wie ein Tonmeister den perfekten Sound abmischen.

Nehmen Sie sich in jedem Fall genügend Zeit für den ersten Schritt des Einander-Zuhörens. Die **Genügend Zeit für den ersten Schritt einplanen** Beispiele in diesem Kapitel haben Ihnen vielleicht einen Einblick geben können, was für eine komplexe Angelegenheit es ist, ein volles Teamorchester zum Klingen zu bringen. Alle Kräfte und alle Instrumente müssen harmonisch zusammenfinden. Neben Geduld sind manchmal auch kulturelle Veränderungen nötig, bis alle im Team wirklich einander zuhören. Schon Meredith Belbin bemerkte, ein guter Teamplayer stehe in starkem Kontrast zu dem herkömmlichen Karrieristen. Während der Karrierist jede Gelegenheit nutzen will, um die ganze Bandbreite seiner Talente zur Schau zu stellen, ist der Teamplayer gefordert, sich auf die Rolle zu beschränken, die dem Team und seinen Zielen im Augenblick am besten nützt.

Wer sich für eine bestimmte Teamrolle entscheidet, der entscheidet sich immer auch gegen eine  **Fokussierung auf die jeweils passende Rolle lernen** andere. Und macht damit den Platz frei für Kollegen, die in dieser Rolle aufblühen können. Ohne das Leitbild der Gemeinsamkeit geht es also in erfolgreichen Teams nicht. Dieses Leitbild ist in den letzten Jahren in vielen Unternehmen auf dem Vormarsch. Einzelkämpfer – wie ein Arjen Robben im Fußball – sind nicht mehr so gern gesehen wie früher. Klar gibt es sie nach wie vor, und manchmal haben sie auch Erfolg. Doch »gute Teammitglieder schaffen Chancen für andere«, schreibt Belbin (»Management Teams«, S. 127). So wie ein moderner Fußballer kurz vor dem Tor auch noch mal einen Pass an einen Teamkollegen spielt, wenn dieser für den erfolgreichen Abschluss günstiger steht. Er verzichtet auf die eigenen Lorbeeren, damit die Mannschaft gewinnt.

Auf Einzelerfolge verzichten, wenn dafür der Erfolg des gesamten Teams umso größer wird – das macht dort richtig Spaß, wo das Team gut eingespielt ist. Im zweiten Teil dieses Buchs werden Sie deshalb mehr darüber lesen, wie sich Ihr Team optimal aufeinander abstimmt. Das ist der nächste Entwicklungsschritt für den Teamerfolg. Die besten Teamspieler zeichnen sich gar nicht so sehr in dem aus, was sie im Moment tun. Das ist natürlich auch wichtig. Doch noch viel entscheidender ist die Flexibilität, sich mit seinem Rollenverhalten der jeweiligen Situation und den gesetzten Zielen anzupassen. Gute Abstimmung ist dafür ein wesentlicher Schlüssel.

DA CAPO

♫ **Eine neue, gemeinsame Vision ist der Ausgangspunkt für positive Veränderungen in einem Team, dessen Mitglieder ihre Teamrollen nicht gut spielen.**

♫ **Coaching ist der beste Weg, Teammitglieder Schritt für Schritt zu ermutigen, ihre Rolle besser zu spielen oder in passendere Rollen zu wechseln.**

♫ **Wer die ganze Bandbreite der Möglichkeiten seines Teams erkennt, der wird oft neue Geschäftschancen entdecken, die bisher ungenutzt blieben, weil die nötigen Teamrollen inaktiv waren.**

TEIL II:
STIMMT EUCH AUFEINANDER AB!

»Music makes the people come together
Music makes the bourgeoisie or the rebel«

Madonna »Music«

DAS MODELL DER TEAMEFFEKTIVITÄT

> »This ain't no time for doubting your power
> This ain't no time for hiding your care«
> Sting »Send Your Love«

Fetzige Musik heizt dem Saal mächtig ein, als der CEO auf die Bühne stürmt. Mit Applaus feiern die Mitarbeiter ihren Chef. Die Stimmung könnte kaum besser sein, als er seinen Vortrag beginnt. Ein paar Jokes. Ein paar Seitenhiebe auf die Konkurrenz. Ein paar Takte Lob für die Leistung im letzten Jahr. Keine Frage, der Mann beherrscht den großen Auftritt. Dann kommt er zum wesentlichen Punkt – seiner Erwartung für das nächste Jahr. Die lautet: 15 Prozent mehr Marge. Schlagartig kippt die Stimmung. »Uff!«, steht jetzt in den Gesichtern. Und in allen Köpfen taucht dieselbe Frage auf: »Wie soll das denn gehen?«

»In ungefähr 60 Prozent aller Fälle erreichen Teams am Arbeitsplatz ihre Ziele nicht«, sagt Eunice Parisi-Carew vom Beratungsunternehmen Ken Blanchard Companies.  **Warum erreicht nur jedes zweite Team seine Ziele?** Von mindestens 50 Prozent ihre Ziele verfehlenden Teams geht auch die »Encyclopedia of Business« aus und beruft sich dabei auf mehrere Studien. Wie kann es sein, dass Teams bei ihren Zielen keine höhere Erfolgsquote haben als ein Einsatz auf Rot oder Schwarz beim Roulette? Während ich bei der oben beschriebenen alljährlichen Kick-off-Veranstaltung einer holländischen Firma dem CEO zugehört und die Reaktion seiner Mitarbeiter beobachtet habe, wurde mir wieder einmal klar: Leute, stimmt euch aufeinander ab! Sonst kann es mit dem Zusammenspiel nicht klappen.

Wenn so ein Obermufti sagt »Ich will 15 Prozent mehr Marge« und dieses Ziel ist mit den Mitarbeitern überhaupt nicht abgestimmt, wer, bitte 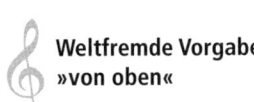 **Weltfremde Vorgaben »von oben«**

schön, soll es dann erreichen? Mehr Umsatz oder mehr Marge, das sind die beiden Klassiker, die Chefs gerne von oben diktieren. Wenn ein Ziel aber nicht das gemeinsame Ziel eines Teams ist, dann bleibt es eben das Ziel eines anderen. Und wer arbeitet schon gerne für die Ziele anderer? Verstimmte Teamorchester begleiten mich nun schon während meiner gesamten Karriere. Es ist immer das Gleiche: Da gibt es statt gemeinsamer Ziele nur Vorgaben von außen. Einige davon völlig weltfremd. So fangen die Probleme an.

Ich erinnere mich noch lebhaft an das Ende von Nixdorf Computer. Als ich vor Jahren den Computerpionier in Paderborn besuchte, war Gründer Heinz Nixdorf bereits gestorben. Man konnte auf Schritt und Tritt erleben, welche Probleme seine Nachfolger hatten, die Firma über Wasser zu halten. Irgendwann gingen die Schulden in die Milliarden. Nixdorf stand am Abgrund. Holland gehörte zu den Ländern, in denen es noch am längsten einigermaßen gut lief. Im Oktober kam der neue Chef von Nixdorf auf eine Messe in Amsterdam und hielt eine flammende Rede. Ja, die Situation sei schwierig, sagte er sinngemäß. Aber wenn jetzt noch mal alle so richtig auf die Pauke hauen würden, könne Nixdorf in diesem Jahr wenigstens eine Null schaffen.

Ich traute meinen Ohren nicht. Nixdorf war so gut wie pleite! Wie konnte der Chef ein dermaßen weltfremdes Ziel ausgeben? Dieser Mann muss sich wie James Bond gefühlt haben, der in letzter Sekunde unter Dauerfeuer in die Festung des Oberschurken eindringt und ihn daran hindern kann, den Knopf mit der Aufschrift »Weltuntergang« zu drücken. Das ist Kino. In der Realität sind Ziele wie die »Null« des damaligen Chefs bei Nixdorf so, als würde ein Fußballtrainer in der 89. Minute bei 1 : 5 Rückstand von einem Stürmer verlangen, das Spiel zu drehen. Das ist aussichtslos. Und bei Nixdorf war es auch aussichtslos. Im Dezember, also zwei Monate nach der Rede in Holland, musste der Chef zerknirscht 5 Milliarden Verlust bekannt geben. Das bedeutete das Ende.

Sich abstimmen, aktiv werden, es gemeinsam schaffen Es könnte so viel einfacher und ehrlicher laufen. Stellen Sie sich einmal vor, ein Team bräuchte gar keinen heldenhaften Chef als Antreiber. Weil es gemeinsame Ziele hat, die dafür sorgen, dass alle zusammenarbeiten müssen. Alle haben sich so aufeinander abgestimmt, dass jeder genau seine Talente und Charakterstärken einsetzen kann, damit das Team ans Ziel kommt. Solche effektiven Teams sind nicht utopisch, sondern in vielen Firmen Realität. Sie gehören zu jenen 50 Prozent, die ihre Ziele erreichen. Einer der wichtigsten Schlüssel: Alle stimmen sich aufeinander ab. War das Zuhören eher reaktiv, so ist das Sichabstimmen ein aktiver Prozess. Jetzt gilt es zu handeln.

»Together we can make such sweet music
Together we can make it right«
The Supremes »Together We Can Make
Such Sweet Music«

Seit Jahren arbeite ich in der Praxis mit einem bewährten Modell, das Teams hilft, gemeinsam Erfolg zu haben. Es besteht aus lediglich vier  **Ein bewährtes Modell für Teams**
Schritten, die das Team immer wieder in dieser Reihenfolge überprüfen kann.

Die vier Schritte des Modells der Teameffektivität sind:
1. Gemeinsame Ziele setzen
2. Erwartungen abstimmen
3. Prozesse definieren
4. Zwischenmenschliche Beziehungen klären

Dieses Modell der Teameffektivität ermöglicht es, ein Team in vier Schritten zu entwickeln und bei **Reihenfolge der Schritte unbedingt beachten!**
Problemen immer wieder auf der richtigen Ebene anzusetzen. Ganz wichtig ist dabei die richtige Reihenfolge. Immer erst über Ziele sprechen, dann über Erwartungen und danach über Prozesse. Gibt es auf der Ebene 2 oder 4 ein Problem, dann wird es erst angegangen, wenn auf den übergeordneten Ebenen alles im Lot ist.

Die zwischenmenschliche Beziehungen kommen immer zum Schluss. Hier verschwenden viele Teams eine Menge Energie, weil sie Reibereien direkt auf der Beziehungsebene klären wollen. Doch so lange es auf der Ebene der Ziele und der Erwartungen hapert, bringt bei Beziehungen selbst ein intensives Coaching wenig. Umgekehrt sorgen glasklare gemeinsame Ziele und Erwartungen sowie sauber abgestimmte Prozesse dafür, dass kleine menschliche Unstimmigkeiten das Ergebnis kaum negativ beeinflussen. An Beispielen wird das alles gleich noch deutlicher werden. Folgen Sie mir bitte noch einmal in eine Filiale der Männer-Bekleidungskette »Set Point«, die Sie im ersten Kapitel schon kennengelernt haben.

»My greatest fear is we're just wasting tears
Wasting several years, still being round here«
Take That »What Do You Want from Me?«

Es lief super. Die Filiale in Eindhoven war die erfolgreichste in Holland. Umsatz pro Kunde top. Anzahl der pro Kunde verkauften Einzelteile auch top. Das waren die beiden wichtigsten Indikatoren bei »Set Point«. Eindhoven war das Revier von Starverkäufer Robert. Und er allein war bares Geld wert. Aber auch das restliche Team war hoch motiviert. Und noch hungrig. Sie waren schon die besten und wollten noch besser werden. Na, dann mal los!

Gemeinsame Ziele setzen

Klarheit über Ziele genau hinterfragen Stellen Sie sich vor, Sie sitzen im Konzertsaal, die Musiker kommen rein, werden mit Applaus begrüßt und nehmen ihre Plätze ein. Und dann fragt einer aus dem Orchester den Dirigenten: »Was spielen wir denn heute?« Sie würden das für einen Witz halten, stimmt's? Selbstverständlich erwarten Sie als Zuhörer, dass die Musiker spielen, was auf dem Programmzettel steht. Und dazu ihre Instrumente gestimmt sowie vor der Aufführung ausreichend geprobt haben. Wenn hingegen Mitarbeiter in Teams nicht genau wissen, was sie machen sollen, dann ist das in manchen Unternehmen kein Witz, sondern Alltag.

Teameffektivität beginnt immer damit, sich gemeinsame Ziele zu setzen. Das liest sich jetzt fast wie eine Plattitüde, richtig? Aber Vorsicht: Auf die Wörtchen »gemeinsam« und »setzen« kommt es entscheidend an. Es müssen ausnahmslos alle das Teamziel auch als ihr persönliches Ziel verinnerlichen. Und die Zielsetzung muss ein bewusster Akt sein. Viel zu oft haben Teammitglieder über Ziele bloß Vermutungen, statt sich auf gemeinsame Beschlüsse verlassen zu können. Dann nützen auch die höchste Motivation und das beste zwischenmenschliche Klima nichts.

Die rund 15 Mitarbeiter in der Filiale von »Set Point« in Eindhoven mussten sich also erst einmal darüber klar werden, ob es wirklich ein gemeinsames Ziel war, noch besser zu werden.  **Wünsche Einzelner oder gemeinsames Ziel?** Vielleicht war es ja auch nur ein hier und da mal geäußerter Wunsch. Möglicherweise war es auch nur die Idee von Filialleiter Eduard. Er ist Klavier und Bass, ein ruhiger Typ, der viel selbst macht und wenig delegiert. Hatte er in seiner Rolle als Bass immer noch nicht genug Arbeit? Oder gab vielleicht Starverkäufer Robert, eine schallende Trompete, den Ton an, und die anderen nickten immer nur, weil sie sich mit ihm ohnehin nicht messen konnten?

Tatsächlich traf nichts davon zu. In einem Workshop über Ziele wurde klar, dass alle motiviert waren, noch besser zu werden. Das Team wollte holländischer Meister von »Set Point« bleiben und seinen Vorsprung an der Tabellenspitze weiter ausbauen. Nun gut, was hieß das konkret? Ich unterscheide hier gerne drei Ebenen: Da sind erst einmal die großen und gefährlichen, beängstigenden und beeindruckenden Ziele. Bei solchen Zielen denken alle: Wow, wenn wir das schaffen, sind wir richtig gut! Für wohl jede Fußballmannschaft in wahrscheinlich jeder nationalen Liga heißt solch ein Ziel zum Beispiel: Meister werden! Und bei »Set Point« in Eindhoven hieß es: Den Abstand an der Spitze in den kommenden Quartalen noch mal deutlich ausbauen. Der Maßstab dafür waren die wichtigsten Leistungsindikatoren der Firma, also Umsatz pro Kunde sowie pro Kunde verkaufte Anzahl von Einzelteilen.

SMART-Formel anwenden Auf einer zweiten Ebene gilt es nun, einzelne Schritte zum großen Ziel zu definieren. Hier wird das große Ziel »smart« gemacht, gemäß der aus dem Projektmanagement bekannten SMART-Formel. Jedes auf dieser Ebene definierte Ziel ist also S = spezifisch, M = messbar, A = akzeptiert, R = realistisch und T = terminierbar. Bestimmt ist Ihnen diese Formel bereits vertraut. Auf dieser »smarten« Ebene muss nun jeder Einzelne im Team schauen, was genau er braucht und wie viel davon, um das große Ziel zu erreichen. Auch im Orchester wird jedes Instrument anders gestimmt, mal mit Schrauben, mal mit Hebeln, mal durch Drehen am Mundstück. Und nicht jedes Instrument muss gleich oft gestimmt werden. Beim Klavier reicht es ab und zu, während die Geige beim Violinkonzert vor jedem Satz etwas Zuwendung benötigt.

Welche Zwischenschritte führen zum Ziel? Hatte jetzt beispielsweise ein Verkäufer bei »Set Point« sich zum Ziel gesetzt, bis zum übernächsten Quartal seinen durchschnittlichen Verkauf von 3,5 auf 3,7 Einzelteile pro Kunde zu steigern, dann müsste er sich jetzt fragen, welche Etappenziele er dazu erreichen muss. Ist es nötig, das Sortiment noch besser zu kennen, um Kunden mehr anbieten zu können? Sollte er sich mit Körperformen mehr beschäftigen, um sofort zu sehen, was für einen Kunden überhaupt infrage kommt? Oder muss er sich einfach im Laden besser auskennen, um schneller passende Sachen zu finden?

Die Entscheidung kann jeder nur selbst treffen. Das ist wie bei einem Hochspringer, der sich einen Zentimeter mehr als großes Ziel setzt. Muss er dazu an seiner Technik, seiner Kraft oder seiner Ausdauer arbeiten? Sind schließlich alle Ziele »smart« definiert, kommen auf der dritten und letzten Ebene »zielorientierte Absprachen« hinzu. Ein Verkäufer beschließt also zum Beispiel in Abstimmung mit seinem Chef, eine Fortbildung zur Stil- und Farbberatung zu besuchen. Oder über einen bestimmten Zeitraum einmal pro Woche abends länger im Laden zu bleiben, um das Sortiment noch besser kennenzulernen.

SO SIND SIE IM TAKT

Sorgen Sie als Führungskraft in Ihrem Team dafür, dass in einem bewussten Abstimmungsprozess gemeinsame Ziele definiert werden. Unterscheiden Sie erstens die ganz großen Ziele, zweitens nach der SMART-Formel definierte Zwischenziele und drittens die nötigen zielorientierten Absprachen.

Immer wenn es in Ihrem Team nicht rund läuft, sollten Sie als Erstes auf die Ebene der gemeinsamen Ziele zurückgehen. Klären Sie, ob wirklich  noch alle dieselbe Reise gebucht haben. Ziele geben unserem Handeln Sinn und Bedeutung, haben aber auch die unangenehme Eigenschaft, manchmal aus dem Blick zu geraten. Insbesondere als Geige, Bass oder Harfe sind Sie gefährdet. Dann genügt Ihnen vielleicht die gute Stimmung am Arbeitsplatz. Oder es reicht Ihnen, viel Arbeit zu haben. Oder Sie analysieren immer wieder den Status quo, statt sich auf den nächsten Schritt zu konzentrieren. Regelmäßige Workshops, in denen über Ziele gesprochen wird, helfen dabei, dass allen jederzeit klar ist, wohin die gemeinsame Reise geht.

Zielklarheit regelmäßig überprüfen

>»All kinds of people should reach out and help one another
Hey, hey, help one another, yeah«
Dionne Warwick »All Kinds of People«

Erwartungen abstimmen

Wenn Ziele klar sind, aber Unterstützung ausbleibt  Ein intensives Fußballspiel, der Gegner verteidigt wie die Berliner Mauer und stellt alle Räume zu. Plötzlich sieht der ballführende Spieler eine Lücke, kommt durch und stürmt in Richtung Tor. Und stürmt und stürmt. Und bleibt allein. Kein Kollege aus seinem Team ist rechtzeitig mitgelaufen. So bleibt ihm als Abschluss nur eine notdürftige Einzelaktion, bei der die Kugel meterweit am Tor vorbeifliegt. Chancentod. Welcher Fußballer kennt diese Situation nicht? An gemeinsamen Zielen herrscht auf dem Platz bestimmt kein Mangel. Alle in der Mannschaft wissen: Wir wollen dieses Spiel gewinnen. Auch dürfte der Trainer jedem die Taktik erklärt haben. Alle kennen ihre Position und waren im Training. Aber der angreifende Spieler hätte eben erwartet, dass die anderen ihn unterstützen. Und diese Unterstützung blieb aus.

Wer braucht was? Wer unterstützt wen?  Wenn die gemeinsamen Ziele klar sind, da gilt es im nächsten Schritt, die Erwartungen abzustimmen: Wer braucht was von den anderen? Wer sollte wen unterstützen, damit dieser seine individuellen Ziele zum Nutzen aller erreichen kann? Die Teamrollen zu klären, ist auf dieser Ebene besonders wichtig. Wenn jeder sein Instrument kennt und auch spielt, ist schon einmal viel Frust weg. Bei einer echten Geige oder Trommel sieht jeder schon von außen, was von dem jeweiligen Instrument zu erwarten ist: sanfte Klänge oder harter Takt? In einem perfekt abgestimmten Team ist es genauso. Falsche Erwartungen kommen gar nicht erst auf. Ebenso wichtig ist es, sich zu öffnen und klar zu kommunizieren. Teammitglieder, die mit enttäuschten Erwartungen anderer konfrontiert sind, reagieren oft mit dem Satz: »Warum hast du mir das nicht früher gesagt?« Und da kann was dran sein.

In der Filiale von »Set Point« in Eindhoven war es zum Beispiel so, dass Starverkäufer Robert mehr oder weniger sein Ding durchzog. Weder gab er aktiv sein Wissen an andere weiter noch erhielt er selbst irgendein Feedback von den übrigen Teammitgliedern. Sein Erfolg schien ihm einfach immer recht zu geben. Ähnlich eigenwillig war Filialleiter Eduard. Er nahm in Kauf, dass die Umsätze schlagartig schlechter wurden, sobald er nicht im Laden war. Erwartete er, dass das Team ohne ihn genauso motiviert bei der Sache war? Niemand wusste es, denn bisher hatte man einfach nicht darüber gesprochen. Peter wiederum, der stellvertretende Filialleiter, neigte dazu, sein Wissen nur mit denjenigen im Team zu teilen, die er als seine Vertrauten ansah.

In einem Abstimmungsprozess lernten die Mitarbeiter, ihre Erwartungen an andere Teammitglieder klar zu formulieren und sich untereinander zu verständigen. 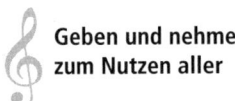 **Geben und nehmen zum Nutzen aller** Sämtliche Erwartungen wurden in der Gruppe diskutiert, auf Flipchart-Papier geschrieben und in den Büroräumen aufgehängt. So konnten die Mitarbeiter auch nach einigen Tagen oder Wochen noch einmal nachlesen, was sie gemeinsam vereinbart hatten. In einem Team, in dem Mitarbeiter auf Augenhöhe zusammenarbeiten wollen und dürfen, wird schnell klar, dass es hier oft um Geben und Nehmen geht. So erwartete Robert, dass andere die Kleidungsstücke wieder falteten und einsortierten, die er vor Kunden ausgebreitet hatte. Er war nun einmal der beste Verkäufer und wollte keine Zeit verschwenden, in der er Umsatz machen konnte.

Die beiden Jüngsten im Team erklärten sich daraufhin bereit, wie eine geduldige Mama immer hinter Robert aufzuräumen. Doch sie erwarteten dafür eine Gegenleistung. Robert sollte regelmäßig ihre Fragen beantworten und sein Wissen als Verkäufer an sie weitergeben, damit sie von dem Besten lernen konnten. Robert fand das als Gegenleistung völlig in Ordnung. Vielleicht war er sogar ein wenig stolz auf diesen filialinternen »Lehrauftrag« für erfolgreiches Verkaufen. Auch die beiden Chefs erklärten sich bereit, den anderen im Team mehr beizubringen. Noch wichtiger aber war, dass Eduard endlich mehr delegierte. Das erwarteten die anderen von ihm, weil sie nicht mehr wollten, dass der Laden ohne den Chef im Haus schlechter lief. Und selbstverständlich würde Eduard auch selbst profitieren: weniger Druck, mehr Zeit fürs Wesentliche. Da Eduard nicht nur Bass war, sondern auch Klavierqualitäten hatte, fiel es ihm nicht schwer, zu diesem kooperativen Ansatz Ja zu sagen.

SO SIND SIE IM TAKT

Jeder im Team sollte seine Erwartungen an die anderen Teammitglieder klar formulieren und offen aussprechen. Vereinbaren Sie dann gemeinsam und verbindlich, wer wen wo unterstützen soll. Die Balance ist gewahrt, wenn alle Teammitglieder sowohl geben als auch nehmen.

Ausgleich von Nachteilen und Chancengerechtigkeit  Erwartungen abstimmen kann auch bedeuten, über den Ausgleich bestimmter Nachteile zu reden. Da hat eine Einzelhandelskette zum Beispiel Filialen in guten und weniger guten Lagen sowie in kaufkräftigen und weniger kaufkräftigen Städten. Ein Verkäufer in einer schlecht gelegenen Filiale in einer Stadt mit wenig Kaufkraft wird da zu Recht erwarten, dass seine Leistung nicht direkt mit der eines Kollegen an einer berühmten Shoppingmeile, wie etwa der Kö in Düsseldorf, verglichen wird. Jeder Verkäufer wird sich wünschen, dass seine Leistung realistisch betrachtet wird und die gebührende Anerkennung findet.

Das Team bei »Set Point« konnte sich wirklich nicht beklagen, da Eindhoven ein sehr kaufkräftiger Hochschul- und Hightech-Standort ist. Es gab allerdings ein Ungleichgewicht innerhalb der Filiale selbst. Sie war aufgeteilt in einen Bereich für klassische Herrenmode und einen Bereich für Sportswear. Jeder Verkäufer war einem der beiden Bereiche als Stammpersonal zugeteilt. Robert als Anzugverkäufer konnte viel mehr Umsatz pro Kunde machen, weil die Anzüge, Hemden und Krawatten teurer waren als die Jeans oder Sportjacken in der anderen Abteilung. Auch war die Zahlungsbereitschaft der Kunden in der Anzugabteilung, unter ihnen viele Manager, besonders groß.

Das Team einigte sich zunächst darauf, dass sich nicht alle mit Robert vergleichen sollten. Der Gesamtumsatz der Filiale sollte zukünftig die wichtigste interne Messgröße sein. Außerdem sollten die Mitarbeiter im Bereich Sportswear öfter einmal die Chance erhalten, auch Anzüge zu verkaufen. Hin und wieder die Bereiche zu wechseln, hätte für jeden einzelnen Verkäufer außerdem den Vorteil, dass er das Angebot der gesamten Filiale noch besser kennenlernt. Vielleicht ergeben sich sogar neue Möglichkeiten zum Cross-Selling? Ein zahlungskräftiger Manager, der wegen eines neuen Anzugs kommt, könnte sich ja auch für eine aktuelle Jeans von Armani interessieren. Doch wie ist ein solcher Wechsel sinnvoll zu organisieren? Diese Frage muss auf der dritten Ebene des Modells der Teameffektivität geklärt werden, der Ebene der Prozesse.

»I'm not a robot without emotions I'm not what you see
I've come to help you with your problems so we can be free«
Styx »Mr. Roboto«

Prozesse definieren

»Prozesse definieren« klingt technisch und kompliziert. Doch ein Prozess ist erst einmal nur ein geregelter Ablauf eines Geschehens. Jede Gruppe von zivilisierten Menschen muss sich über Prozesse verständigen,  **Geregelte alltägliche Abläufe** wenn sie zusammenleben möchte. Tatsächlich definieren wir im Alltag die ganze Zeit Prozesse, bloß nennen wir es selten so. Jede Familie hat Prozesse definiert: wer morgens wann ins Badezimmer geht, wer Frühstück macht oder wer anschließend das Geschirr abräumt. Solche alltäglichen Prozesse machen das Leben angenehm und leicht. Die Dinge sind einmal geklärt und dann laufen sie wie von selbst.

In Unternehmen tun sich Teams mit diesen ganz alltäglichen Prozessen manchmal schwerer als mit komplexen logistischen Aufgaben. Bei der Filiale von »Set Point« in Eindhoven zum Beispiel waren die Themen Lager und Regalauffüllung überhaupt kein Problem. »Set Point« hatte eine ausgeklügelte Logistik, und das Team in der Filiale war perfekt eingespielt. Dafür waren viel banalere Prozesse überhaupt nicht definiert. Zum Beispiel: Ab wie vielen Kunden im Laden bleibt ein Mitarbeiter nur noch an der Kasse? Wer kontrolliert, dass Änderungsarbeiten für einen Kunden schnell und korrekt ausgeführt werden? Wer serviert den Kunden auch dann noch Kaffee oder ein Glas Prosecco, wenn der Laden richtig voll ist?

Konfliktpotenzial bei schlecht geregelten Abläufen  Wenn ganz einfache Prozesse im Team nicht definiert sind, kann es sein, dass es unausgesprochene Motive wie Eifersucht, Unsicherheit oder auch Dominanzstreben gibt. So waren bei »Set Point« die Verkäufer in der Abteilung Sportswear schon ein wenig eifersüchtig auf den besseren Umsatz, der in der Anzugabteilung möglich war. Noch frustrierter waren nur diejenigen, die bei großem Ansturm von Kunden zum Dauereinsatz an der Kasse verdonnert waren. Alle hassten es, die ganze Zeit zu kassieren. Aber die wenigsten trauten sich, das offen zu sagen. Eduards Weigerung zu delegieren kam schließlich einigen als typisches Chef-Gehabe vor.

Teams, die solche Probleme lösen möchten, beginnen deshalb am besten auch hier wieder mit einer offenen Aussprache. Wichtig ist nur, die Lösung immer erst auf der Prozessebene zu suchen, bevor man auf die Ebene der zwischenmenschlichen Beziehungen geht. Bei »Set Point« lösten sich Eifersucht und Unsicherheit durch klare Absprachen bereits weitgehend auf. So habe ich es in anderen Unternehmen auch immer wieder erlebt. Ein einzelner sauber definierter Prozess kann mehr Probleme lösen als sechs Wochen Psycho-Coaching. Jeder weiß dann wieder, was er zu tun hat, und macht es einfach.

SO SIND SIE IM TAKT

Definieren Sie klare Prozesse, Regeln, Abläufe und Verantwortlichkeiten gemeinsam mit Ihrem Team. Das ist die beste Vorbeugung gegen Stress und Druck. Richten Sie dabei Ihr besonderes Augenmerk auf ganz alltägliche Abläufe, die oft dem Zufall überlassen bleiben.

Sind dann noch die Teamrollen geklärt, lassen sich besonders schnell Wege finden, die das Team effizienter machen. Einen Ronaldo wür-  **Instrumente berücksichtigen – wer kümmert sich am besten um etwas?** de niemand ins Tor stellen und auch ein Starverkäufer gehört nicht den ganzen Tag an die Kasse. Bei »Set Point« hat das Team im ersten Schritt klare Regeln besprochen. Stress und Ärger konnten damit im Keim erstickt werden. Zukünftig war klar, wie viele Kunden im Laden sein müssen, damit ein Teammitglied die ganze Zeit an der Kasse bleibt. Es war aber ebenso geklärt, dass dies niemals Robert sein darf, weil sonst dem gesamten Team seine Umsätze fehlen. Auch galt ab sofort die Regel, dass Teammitglieder aus der Abteilung Sportswear in die Anzugabteilung wechseln dürfen – und umgekehrt. Bei viel Andrang hieß es dann aber wieder: Alle auf ihre Plätze!

In einem zweiten Schritt schaute das Team dann noch, wer sich von seiner Teamrolle her am besten um was kümmern sollte. So musste gegen die Nachlässigkeit bei den Änderungsaufträgen dringend etwas unternommen werden. Es durfte nicht sein, dass Kunden wochenlang auf den Schneider warteten, am Telefon niemand Auskunft geben konnte und fertig geänderte Stücke irgendwo hingehängt wurden, wo sie erst lange gesucht werden mussten, wenn der Kunde zum Abholen kam. Gab es vielleicht Teammitglieder mit Hornqualitäten? Sie würden sich am besten eignen, den Prozess bei den Änderungen endlich ans Laufen zu bringen. Und tatsächlich fanden sich zwei Hörner im Team, die Spaß daran hatten, die Änderungen zukünftig richtig gut zu managen.

Das Team hatte fünf Teilzeit-Mitarbeiterinnen. Es waren alles junge Mütter, die ungefähr sechs Stunden in der Woche arbeiten wollten, um et-  **Ausnahmen ermöglichen** was dazuzuverdienen. Und es waren alles ausgeprägte Geigen. Das Team beschloss, für die Teilzeit-Mitarbeiterinnen keine Umsatzziele mehr zu definieren. Stattdessen sollten die Geigen sich ganz darauf konzentrieren, den Kunden den Aufenthalt im Laden so angenehm wie möglich zu machen. Außerdem bekamen sie die Aufgabe, die anderen Teammitglieder in Stoßzeiten zu unterstützen. So kümmerte sich schließlich am Samstagvormittag eine Geige nur noch um das

Catering für die Kunden. Andere Geigen gingen als Erste an die Kasse oder räumten auf, wenn eine Trommel oder Trompete im Verkauf sich schon wieder auf den nächsten Kunden gestürzt hatte. So liefen nach einigen Wochen die Prozesse wie von selbst. Das Team arbeitete Hand in Hand und hatte jede Menge Spaß dabei.

>>Every day through all frustrations and despair
Love and hate fight with burning hearts<<
Icehouse >>Love Like Blood<<

Zwischenmenschliche Beziehungen klären

Persönliches am Arbeits-
platz richtig gewichten

Einen >>Pakt der Leitwölfe<< nannte es die Financial Times Deutschland: Ferdinand Piëch und Martin Winterkorn haben seit ihrer ersten Begegnung im Jahr 1981 aus Volkswagen den größten Autobauer Europas gemacht. Es sind zwei Qualitätsfanatiker mit dem unbedingten Willen zum Erfolg. Sie verstehen einander blind. Wo sie zu zweit in ein Gespräch vertieft sind, können andere in der Umgebung ruhig schon mal zum Essen gehen. Im Jahr 2011 regierten die beiden Alphatiere mit harter Hand ein Imperium, das unter zehn Marken von Bentley bis Skoda pro Jahr mehr als acht Millionen Autos absetzte. Doch private Freundschaft? Fehlanzeige! Kein einziges gemeinsames Bier in 30 Jahren. Nicht einmal ein Schulterklopfen wollen andere Manager jemals beobachtet haben. Herr Piëch und Herr Winterkorn sind auch nach wie vor per Sie.

In den Spitzenorchestern der Welt kommt es ebenfalls nicht selten vor, dass Musiker im Konzertsaal traumhaft zusammenspielen, doch privat niemals etwas zusammen unternehmen. Diese Beispiele zeigen vielleicht, dass es für super Ergebnisse bei der Arbeit überhaupt nicht nötig ist, befreundet zu sein. Wenn sich trotzdem Freundschaften entwickeln, dann ist das ja prima. Bloß wird die Bedeutung der zwischenmenschlichen Ebene für die Effektivität von Teams oft überschätzt. Tatsache ist: Teams aus besten Freunden können total erfolglos sein. Und Teams, in denen alle cool und geschäftsmäßig ihre Arbeit erledigen, können Gewinnerteams sein.

Meredith Belbin empfiehlt lediglich, eingespielte Duos – so wie Piëch und Winterkorn – beim Teambuilding nach Möglichkeit beieinander zu **Freundschaft ist selten ein Vorteil.** lassen. Davon abgesehen konnte er in seiner Arbeit nirgendwo belegen, dass persönliche Freundschaften die Ergebnisse eines Teams verbessert hätten. Im Gegenteil: Manager, die an Belbins Kursen teilnahmen und die Aufgabe bekamen, ihr Wunschteam nach den vorliegenden Profilen zusammenzustellen, waren oft entsetzt, dass ihre Freunde und Kollegen dann nicht mit dabei waren. Hätten die Manager die Auswahl zwischen realen Personen statt anonymen Profilen gehabt, dann wären ihre Studienfreunde und Tennispartner selbstverständlich mit im Team gewesen. So sahen sie: Andere sind wahrscheinlich besser geeignet.

Bevor Sie in Ihrem Team zwischenmenschliche Beziehungen klären, sollten Sie sich immer noch einmal anschauen, ob Sie auf den drei übergeordneten Ebenen schon genug erreicht haben. Sind alle gemeinsamen Ziele gesetzt, die Erwartungen abgestimmt und die Prozesse sauber definiert? Auf diesen Ebenen haben Sie die größten Hebel, um Ruhe ins Team zu bringen, die sich ganz automatisch auch auf die zwischenmenschliche Ebene positiv auswirkt. Erst wenn Sie hier Erfolge erzielt haben, fragen Sie sich: Was bleibt jetzt noch übrig? Und was davon muss dringend geklärt werden, damit die Effizienz des Teams besser wird? Kleine Reibereien, die zum menschlichen Miteinander einfach dazugehören, jedes Mal zum großen Thema zu machen, wäre kontraproduktiv. Dadurch bekommen diese Themen viel zu viel Aufmerksamkeit. Und es entsteht unter Umständen der falsche Eindruck, dass es im Team ständig Probleme gibt.

Eine Firma ist kein Therapiezentrum. Die wenigen schweren Konflikte, die es vielleicht doch gibt, gehen Sie jedoch gezielt und professionell **Was bleibt übrig und muss dringend geklärt werden?** an. Am besten direkt mit einer Mediation oder einem Coaching. Bei

»Set Point« in Eindhoven war zum Beispiel das Verhältnis des stell-
vertretenden Filialleiters Peter zum Team ein dauernder Konfliktherd.
Hier musste etwas geschehen. Peter war ein sehr guter Verkäufer.
Aber mit der Leitung einer kleinen Filiale von »Set Point« war er in
einer anderen Stadt gescheitert. Deshalb hatte die Unternehmenslei-
tung ihn in Eindhoven zum Stellvertreter gemacht. Sie wollten Peter
als Verkäufer behalten und ihm gleichzeitig die Führungsverantwortung nicht komplett entziehen, um ihn weiter zu motivieren.

Was für die Firmenzentrale wie die perfekte zweite Chance aussah,
nagte in der Praxis ganz gewaltig an Peters Selbstbewusstsein. Kündigen wollte er aber auch nicht, da er eine vergleichbar gute Stelle nur
noch schwer bekommen hätte. In seiner Sandwichposition zwischen
Eduard als Chef und den Verkäufern unter ihm fand sich Peter nur
schwer zurecht. Die Zusammenarbeit mit Eduard klappte oft nicht
gut. Wenn Eduard einmal fehlte, war Peter kein vollwertiger Ersatz
für den Chef, und die Umsätze gingen sofort zurück. Gleichzeitig
polarisierte Peter das Team. Er scharte Leute um sich, von denen er
glaubte, dass sie ihn für den besseren Chef hielten. Umgekehrt ging
er zu denen auf Distanz, die mit Eduard scheinbar besser auskamen
als mit ihm.

Aussprache im
Coaching-Prozess In einem Coaching war es vor allem wichtig, dass
Eduard und Peter sich aussprachen. Eduard war
als Bass immer in seine Arbeit vertieft gewesen
und hatte sich nie dazu aufgerafft, das Problem mit Peter anzupacken.
Er brauchte den Anstoß durch einen Coach, diese wichtige Führungsaufgabe endlich zu erledigen. Peter wiederum musste sein Verhältnis
zu Eduard klären. Er war der Vize und der andere der Chef. Da musste Peter bereit sein, sich unterzuordnen. Andererseits war ihm nicht
ausreichend klar, dass er die volle Verantwortung für den Laden hatte,
sobald Eduard außer Haus war. Für ihn persönlich war vielleicht das
Wichtigste, zu merken, dass die anderen Teammitglieder in ihm keinen gescheiterten Filialleiter sahen. Sein Pech mit der eigenen Filiale
war für das Team längst vergessen. Sie sahen ihn als wichtigen Spieler
in ihrer Mannschaft. Als das bei Peter angekommen war, wurde er
selbstbewusster und hörte auf zu polarisieren.

Dieser Konflikt und noch ein, zwei weitere zwischenmenschliche Probleme waren die letzten Bremsen, die dieses Team löste. Hier wie in jedem anderen Team ist es Aufgabe des Teamleaders, irgendwann einen Punkt zu machen. Es gilt dann der Satz: Love it, change it or leave it. Wem das Team jetzt immer noch nicht harmonisch genug ist, der arbeitet vielleicht besser woanders. Ein Team ganz nach den Wünschen jedes einzelnen Mitglieds wird es niemals geben. Dafür sind die Wünsche von Menschen einfach zu verschieden. Teamarbeit kann im Ergebnis extrem effizient sein, erfordert aber immer auch gewisse Opfer Einzelner. Die Japaner gehen da vielleicht schon etwas zu weit. Aber auch wir in Europa sollten realistisch bleiben und unser Lebensglück nicht davon abhängig machen, wie viele Wünsche unsere Arbeitskollegen uns erfüllen.

 Rechtzeitig einen Punkt machen

DA CAPO

Teameffektivität beginnt damit, dass das gesamte Team sich bewusst gemeinsame Ziele setzt. Die bekannte SMART-Formel aus dem Projektmanagement hilft dabei.

Sobald alle die gemeinsamen Ziele verinnerlicht haben, besprechen sie ihre Erwartungen an die anderen im Team. Alle sollten einander optimal unterstützen.

Im nächsten Schritt sind die gemeinsamen Prozesse an der Reihe. Oft übersehen werden die ganz alltäglichen Prozesse, für die es keine Richtlinien oder Computerprogramme gibt.

Es ist in Mode gekommen, viel an zwischenmenschlichen Beziehungen zu laborieren. Solche Probleme sollten stets zum Schluss betrachtet werden. Ziele, Erwartungen und Prozesse sind wichtiger.

WELCHES TEAM SIE HABEN UND WELCHES TEAM SIE BRAUCHEN

»I need someone who takes some joy in something I do
You need a man who's either rich or losing a screw«
Belle and Sebastian »I'm Waking Up to Us«

Verkaufstrainings für 54 Bankfilialen? Klarer Fall für John und seine Leute. John hat eine Menge Bass-Trompeten. Die können monatelang das gleiche Seminar durchziehen und haben sogar Freude daran. Hm, mal sehen, was wir noch an Aufträgen in der Pipeline haben. Öffentlicher Dienst? Unbedingt Jeannette! Puh, diese ganzen introvertierten Harfen und Bässe ... Aber Jeannette ist ja nicht nur Psychologin, sondern selbst Gitarre und Harfe. Sie hätte die Geduld, den ganzen holländischen Staat zu reformieren. Und noch Spaß dabei. Aber Ingenieure trainieren? Nein, da soll lieber Jan hin mit seinen Leuten. Wer da kein Fachwissen hat, wird nicht akzeptiert. Und Einzelhandel? Na klar. Mal wieder unser Ding.

»Some dreams come true.« – Stimmt! Da war diese Kaffeetasse. Jeannette schenkte sie mir mit einem Lächeln und bat mich, sie doch gleich mal auszuprobieren. Es war eine dieser großen Bürotassen, die auf Englisch »mug« und auf Deutsch »Kaffeepott« genannt werden. (Vorsicht, wenn Sie mal in Holland sind: Koffiepot heißt bei uns Kaffeekanne!) Oft haben diese Bürotassen witzige Motive aufgedruckt. So war es auch in diesem Fall. Ein großer gelber Kürbis prangte auf der Seite. Jeannette konnte es kaum erwarten, dass ich endlich heißen Kaffee in die Tasse füllte. Ich machte das ... und Simsalabim, durch die Hitze des Kaffees wurde aus dem Kürbis eine Kutsche – so wie in manchen Versionen des Märchens von Aschenputtel, in denen ein Kürbis von der guten Fee in eine Kutsche verwandelt wird. Unter dem Bild der Kutsche stand zu lesen: »Some dreams come true.«

Diese Tasse ist schuld, dass Jeannette, John, Jan und wir von »Cat Consultants« die gemeinsame Marke unserer vier Trainingsfirmen später SDCT nannten. Die Kunden fanden diese Abkürzung immer total businessmäßig und professionell. Und wenn Leute fragten, wofür die Abkürzung stehe, staunten sie nicht schlecht über die Antwort: »Some dreams come true.« Tatsächlich war für uns Trainer in gewisser Weise ein Traum in Erfüllung gegangen. Denn wir hatten in dieser Kooperation insgesamt rund 45 Trainer zur Verfügung, die so unterschiedlich waren, dass wir für praktisch jede Kundenanforderung das richtige Team zusammenstellen konnten. Sagt uns bitte, welche Noten wir spielen sollen, und wir zaubern euch das passende Orchester! Ich erinnere mich heute noch gerne an die gemeinsame Zeit bei SDCT und finde unsere damalige Arbeit ein super Beispiel für die gekonnte Abstimmung von Teams, um die es in diesem Kapitel geht. Deshalb erzähle ich Ihnen von SDCT.

Natürlich geht es mir auch diesmal nicht bloß ums Erzählen. Sondern darum, dass Sie einen nächsten Schritt auf dem Weg zu einem Team,

Teambuilding mithilfe eines Modells

das Musik macht statt Lärm, verstehen und anwenden können. Dazu erhalten Sie auf den folgenden Seiten ein weiteres Modell. Es ist ein Quadrantenmodell oder, metaphorisch ausgedrückt, der »Sitzplan« für Ihr Teamorchester. Sie können damit alle acht Instrumente aus dem Kapitel »Acht Instrumente – acht Teamrollen« (S. 40) anhand von vier Grundeigenschaften auf eine Position einordnen. Mit diesem Modell sehen Sie genau, welches Team Sie haben. Wenn Sie dann für Ihre Kunden diese oder jene Musik machen wollen, Sie also bestimmte Ziele erreichen möchten, können Sie jeweils in die Rolle des Dirigenten gehen und entscheiden: Geht das mit meinem Orchester überhaupt? Oder mit einem Teil davon als Ensemble? Oder müsste ich mein Orchester erst ergänzen und umgruppieren?

»Dream on
Dream on until your dreams come true«
Aerosmith »Dream On«

Manche Dream-Teams werden Wirklichkeit

Einzelkämpfer als Produkt von Teamfrust  »Teamarbeit mache ich am liebsten allein« – so lautet ein Frustspruch, den ich in Organisationen schon oft gehört habe. In Deutschland gibt es sogar ein Buch mit dem Titel »Ich hasse Teams«. Wenn das nicht vielen Leuten aus der Seele spräche, hätte der Verlag wohl kaum diesen Titel gewählt. Manchmal höre ich Leute auch sagen: »Ich bin der geborene Einzelkämpfer und mag mich einfach nicht in eine Gruppe einfügen.« An den geborenen Einzelkämpfer glaube ich jedoch eher nicht. Sicher ist der eine Mensch etwas mehr ich-orientiert und der andere mehr wir-orientiert. Aber das sind eher Tendenzen innerhalb des Wertesystems. Im Grunde wissen alle, dass perfektes Teamwork effektiver ist als Einzelkämpfertum. Ein Klavierabend ist mal ganz nett. Aber die ganze Saison nur Klavierabende? Da wird der Konzertsaal oft halb leer bleiben.

Glückliche Teamplayer in gut abgestimmten Teams  Ich glaube, dass heute viele Menschen einfach von bisherigen Teamerfahrungen enttäuscht sind. Immer wieder habe ich erlebt, wie aus vermeintlichen Einzelkämpfern glückliche Teamplayer geworden sind, sobald sie zum ersten Mal in ein Team kamen, das sie wirklich unterstützt und inspiriert hat. Sie konnten ihre Talente jetzt voll und ganz entfalten. Und das ist es, was jeder Mensch möchte. Die gekonnte Abstimmung eines Teams ist der wesentliche Schritt, um das zu erreichen. Misslingt diese Abstimmung, dann ist das Team, das Sie haben, nie das Team, das Sie brauchen. So können Menschen im Team auch nicht glücklich werden.

Sie haben in den Kapiteln »Welche vier Grundkräfte in jedem Team wirken« (S. 69) und »Die Vielfalt der Teamrollen erkennen und nutzen« (S. 86) gelesen, dass Teammitglieder bisher vernachlässigte Nebeninstrumente aktivieren können. Das stimmt und ist immer einen Versuch wert. Sie werden es jedoch niemals schaffen, Mitarbeiter auf ein Instrument umzupolen, das ihrem Charakter überhaupt nicht entspricht. Leider wird das trotzdem immer wieder versucht. Das Ergebnis ist Teamfrust ohne Ende. Auf der Ebene der Erwartungen, also der zweiten Ebene im Modell der Teameffektivität aus dem vorherigen Kapitel, sollte jedes Team sich diesen Punkt klarmachen. Wo niemand umlernen muss, sondern viele Instrumente zu einem Orchester zusammenkommen und es für jede Aufgabe eine geeignete Person gibt, verschwindet der Teamfrust ganz schnell.

SO SIND SIE IM TAKT

Versuchen Sie niemals, den Charakter eines Teammitglieds zu verändern. Geben Sie stattdessen jedem die Chance, seine Instrumente zu entwickeln. Wenn Sie zu wenige passende Instrumente für ein Ziel haben, ergänzen Sie Ihr Team oder kooperieren Sie mit anderen Teams.

Eigene Stärken durch Stärken anderer ergänzen

Als meine Frau Jacqueline und ich Anfang der 1990er-Jahre die Trainingsfirma »Cat Consultants« gegründet hatten, waren wir noch eher einzelkämpferisch unterwegs. An dieser Stelle darf ich Ihnen verraten, dass ich nicht nur oft Trompete, sondern sehr gerne auch Trommel bin. In den 1980er-Jahren habe ich im Vertrieb gearbeitet und da ganz schön Gas gegeben. Es war logisch, dass ich als Trainer mit Trompeten- und Trommeleigenschaften dort auf Anhieb erfolgreich sein konnte, wo genau das gefragt war. Also zum Beispiel im Vertrieb. Dort geht es eigentlich immer um mehr Umsatz oder mehr Marge. Ohne ausgeprägte Kundenorientierung ist das allerdings selten zu haben.

Bei Banken, die damals noch sehr konservativ waren, oder im öffentlichen Dienst fühlte ich mich als junger Trainer nicht auf Anhieb wohl. Dann kam Jeannette mit ihrer märchenhaften Kaffeetasse. Und fast zur gleichen Zeit kamen noch John und Jan. Nur per Handschlag, ohne schriftliche Verträge oder irgendwelche Rechtsanwälte gründeten wir SDCT. John und ich arbeiteten in einer Bürogemeinschaft hier im Süden, Jeannette in Zwolle im Norden und Jan in der Mitte von Holland. Aber nicht nur geografisch, sondern auch was unsere Instrumente anging, deckten wir fast alles ab.

 Die Psychologin Jeannette zum Beispiel war Gitarre und Harfe. Die Kombination Gitarre und Harfe haben Sie schon als manchmal problematisch kennengelernt – zweifache Denkkraft, die sich leider auch selbst blockieren kann. Mit ihren zusätzlichen Klavierqualitäten schaffte es Jeannette jedoch, ihre Denkkraft stets passend einzusetzen. Jeannette war außerdem zehn Jahre älter als ich und behandelte mich im Team anfangs wie ihren kleinen Bruder. Die seriöse Harfe in ihr holte meine Trompete oft von Wolke 7 der vorschnellen Begeisterung herunter.

John war Trompete wie ich, daneben jedoch mehr Klavier als Trommel. Das Trainerdasein bedeutete für ihn, möglichst viele Seminartage zu machen. Er war am liebsten unermüdlich im Einsatz, und es störte ihn überhaupt nicht, seinen wechselnden Seminarteilnehmern immer das Gleiche zu erzählen. Jan wiederum war sehr technisch orientiert von seinem Fachwissen her. Er hatte deshalb einen ausgezeichneten Draht zu Ingenieuren oder Programmierern. Da half ihm auch, dass er als Bass deren oft ausgeprägten Arbeitseifer gut verstehen konnte. Allzu verständnisvoll war Jan aber auch nicht, denn sein zweites Instrument war die Trommel. Jacqueline schließlich war das Horn im Team. Und ein Horn ist für jede Gruppe, die nicht im organisatorischen Chaos enden möchte, von unschätzbarem Wert.

Etwas leise klangen bei SDCT höchstens die Geigen. Jacqueline war zwar auch Geige, aber doch stärker Horn. Sonst gab es bei uns anfangs wenig sanfte Geigenklänge zu hören. Als unser gemeinsames Team irgendwann 45 Leute umfasste, waren dann noch eine Reihe von Geigen hinzugekommen. Bei »Cat Consultants« war das insofern schwierig, als wir immer Wert auf Trommeln gelegt haben, die ihre eigene Akquise machen. Wie viel Stress extreme Trommel und extreme Geige in einer Person bedeuten kann, haben Sie an der Geschichte von Lieke gesehen. Doch auch ohne viele Geigen hatten wir bei SDCT vom Start weg Möglichkeiten, die keine der vier Trainingsfirmen für sich alleine gehabt hätte. Dazu gleich ein Beispiel.

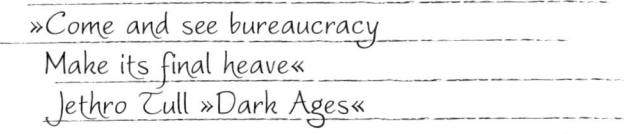

»Come and see bureaucracy
Make its final heave«
Jethro Tull »Dark Ages«

Der öffentliche Dienst in Holland hatte vor eini- **Herausforderung**
gen Jahren sehr große Trainingsbudgets. Die po- **öffentlicher Dienst**
litische Vorgabe war, sämtliche Behörden, vom
Finanzamt bis zur Polizei, moderner, effektiver und bürgerfreundli-
cher zu machen. Und es war Konsens, dass die Weiterbildung der Mitarbeiter der Schlüssel dazu war. So gab es schließlich im öffentlichen
Sektor viele HR-Manager, die nicht nur viel Geld zu verteilen hatten, sondern auch aufgeschlossen für neue Konzepte waren. Trainer
konnten hier über Jahre viel Umsatz machen. Einzige Bedingung: Die
Trainings mussten zu den Anforderungen des öffentlichen Dienstes
passen.

Bei SDCT wussten wir sofort: Erste Ansprechpartnerin für Kunden
aus dem öffentlichen Dienst sollte Jeannette sein. In Behörden gibt es
meistens viele Harfen und Bässe. Diese sollten sich mit neuen Ideen
anfreunden, was nicht unbedingt ihre Stärke war. Jeannette als Gitarre und Harfe konnte da genau die Brücke von der aktiven zur reaktiven Denkkraft schlagen. Mit sachlichen Argumenten überzeugte
sie jede Harfe von der Notwendigkeit von Innovationen. Als Klavier,
was ja ihr drittes starkes Instrument war, brachte sie zudem genügend
natürliche Autorität für die Arbeit in hierarchischen Organisationen
mit. Sie arbeitete immer auf klare Ziele hin, machte dabei aber nicht
so viel Druck, wie es eine Trommel getan hätte.

Ein Dream-Team waren wir bei SDCT auch des- **Für jede Anforderung**
halb, weil alle unter uns jederzeit auf genügend **schnell die richtigen**
weitere Instrumente zugreifen konnten. Wollte **Leute – perfekt!**
Jeannette, sagen wir mal, uniformierte Polizisten trainieren, durfte
das Trainingsteam durchaus Trommel- oder Trompeteneigenschaften
haben. Polizisten sind oft draußen auf der Straße, haben einen hohen Arbeitsdruck, sind manchmal mit aggressiven Situationen kon-

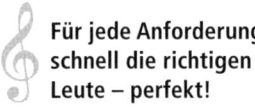

frontiert und sollen gegenüber dem unbescholtenen Bürger trotzdem immer freundlich sein. Klar, dass hier andere Trainings nötig sind als für Beamte, die im Finanzamt Steuererklärungen bearbeiten. Im öffentlichen Dienst gibt es aber auch Ingenieure, zum Beispiel bei Bauämtern. Hier konnte Jeannette dann wieder Jan und seine Leute mit ihrem vielen technischen Fachwissen gebrauchen. Mit einem derart vielfältigen Team zu arbeiten, machte uns bei SDCT einen Riesenspaß. Die Leichtigkeit wiederum half uns, für unsere Kunden sehr gute Ergebnisse zu erzielen.

Der Kompass für Ihr Teamorchester

Teamrolle und Persönlichkeit   Bevor Meredith Belbin die acht Teamrollen definierte, die Sie in diesem Buch als Bass, Trompete, Trommel, Klavier, Gitarre, Harfe, Horn und Geige kennengelernt haben, arbeitete er mit psychologischen Persönlichkeitsmodellen, um das Rollenverhalten von Menschen in Teams zu charakterisieren. Es zeigte sich schnell, dass nicht alle von der Psychologie beschreibbaren Eigenschaften gleich wichtig dafür sind, welche Rolle eine Person in einem Team einnimmt. So lässt sich beispielsweise Idealismus psychologisch messen. Es gibt mehr oder weniger idealistische Menschen beziehungsweise mehr oder weniger idealistische Verhaltensmuster. Für die Unterscheidung von Teamrollen ist der Grad an Idealismus jedoch nicht so wichtig wie andere Merkmale. Noch einmal zur Erinnerung: Wir sind von unserer Gesamtpersönlichkeit her nicht auf eine einzige Teamrolle festgelegt, sondern beherrschen zwei bis drei Rollen gut bis sehr gut und noch einmal zwei oder drei weitere ganz passabel, wenn es die Situation erfordert.

In Belbins Forschung kristallisierten sich verschiedene psychische Gegenpole heraus, die für sämtliche Teamrollen entscheidend sind. Das erste Gegensatzpaar heißt Introversion und Extroversion. Menschen verhalten sich in Teams entweder mehr introvertiert oder stärker extrovertiert. Während einer Teambesprechung zum Beispiel hört der eine die meiste Zeit zu und macht sich Notizen, während ein anderer das Wort führt. Oder sogar Kollegen unterbricht, wenn er glaubt, etwas selbst besser zu wissen. Der stark Introvertierte mag es dann tatsächlich besser wissen, behält sein Wissen aber für sich.

Das zweite Gegensatzpaar heißt Anspannung und Entspannung. Angenommen, eine kleine Firma ist erfolgreich. Dann stehen die einen im **Vier Pole der Persönlichkeit: introvertiert, extrovertiert, angespannt, entspannt** Team jetzt erst recht unter Strom, weil sie sich fragen: »Was müssen wir tun, damit der Erfolg erhalten bleibt und wir nicht morgen vom Markt verschwinden?« Das sind die Angespannten. Ein entspanntes Teammitglied wird dagegen eher sagen: »Läuft doch alles super. Lassen wir es am besten so, wie es ist.« Je nach augenblicklicher Neigung zu Anspannung oder Entspannung nimmt jemand unterschiedliche Teamrollen ein.

Alle acht Instrumente lassen sich in einem Quadrantenmodell mit den beiden Achsen Introversion / Extroversion sowie Anspannung / Entspan-  **Quadrantenmodell sämtlicher Instrumente** nung einordnen. Schauen Sie sich die Grafik auf der folgenden Seite einmal an. Sie ist wie ein Kompass, der Ihnen alle Instrumente sinnvoll geordnet präsentiert. Das ist vergleichbar mit der Sitzordnung eines echten Orchesters im Konzertsaal: Alle Instrumente und Instrumentengruppen haben ihren Klangeigenschaften entsprechend feste Plätze.

Bei der Grafik wird Ihnen sofort auffallen, dass die Harfe den Mittelpunkt einnimmt. Tatsächlich  **Von der Harfe im Mittelpunkt ...** haben Sie Harfen ja schon als faktenorientiert, kritisch und analytisch kennengelernt. An Harfen ist so gar nichts extrem. Sie sind deshalb in ihrer Rolle auch weder auffallend introvertiert oder extrovertiert noch besonders angespannt oder entspannt. Harfen mit ihrer nach Objektivität strebenden Sicht der Dinge sind sozusagen das neutrale Element. Bei allen übrigen Instrumenten erkennen Sie, dass diese nicht statisch eingeordnet sind, sondern auf den Notenlinien wie auf einer Fahrspur mehr zur Mitte oder nach außen fahren können. Dementsprechend gibt es gemäßigte oder extreme Formen der jeweiligen Teamrolle.

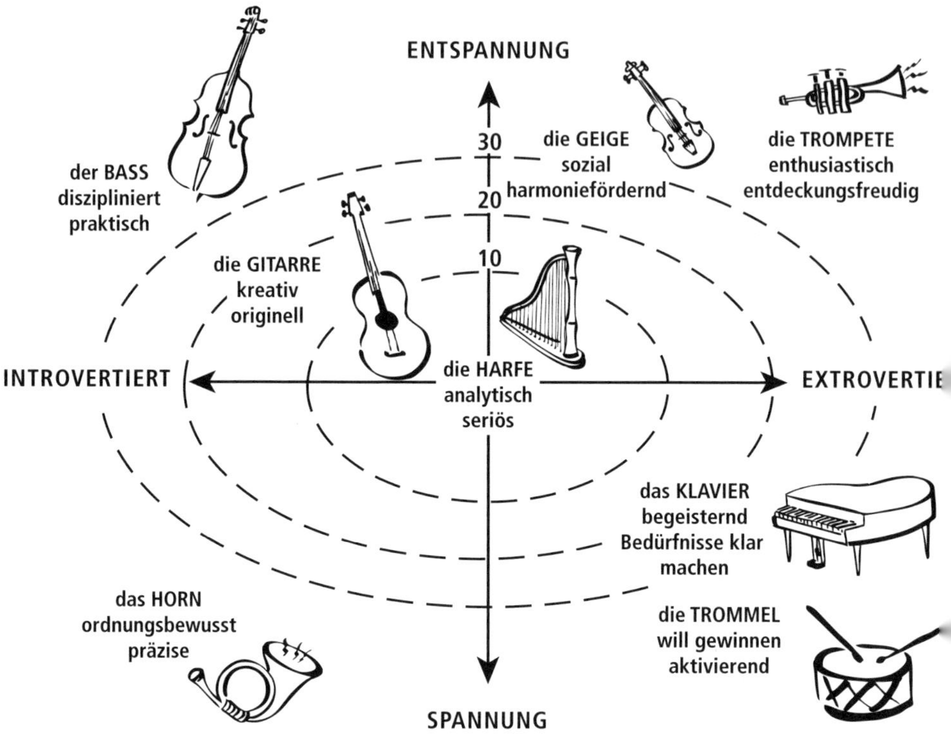

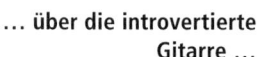

ENTSPANNUNG

der BASS
diszipliniert
praktisch

30
20
10

die GEIGE
sozial
harmoniefördernd

die TROMPETE
enthusiastisch
entdeckungsfreudig

die GITARRE
kreativ
originell

INTROVERTIERT

die HARFE
analytisch
seriös

EXTROVERTIE

das KLAVIER
begeisternd
Bedürfnisse klar
machen

das HORN
ordnungsbewusst
präzise

die TROMMEL
will gewinnen
aktivierend

SPANNUNG

Modell sämtlicher Teamrollen anhand ihrer wichtigsten Eigenschaften

… über die introvertierte Gitarre …
Der Erfinder und Unternehmer Howard Hughes war wahrscheinlich eine extreme Gitarre, denn er galt zeitlebens als Sonderling und starb in völliger Isolation. Leonardo DiCaprio spielt ihn meisterhaft in dem Film »Aviator«. Dagegen ist BMW-Designchef Adrian van Hooydonk ein eloquenter und stets perfekt gekleideter Mann, der offensichtlich gerne im Blickpunkt der Öffentlichkeit steht. Gitarren können also stark oder nur mäßig introvertiert sein. Allen Gitarren ist jedoch gemeinsam, dass sie weder auffallend angespannt noch entspannt sind. Sie sind in dieser Beziehung eher ausgeglichen und deshalb bei ihrer Arbeit meistens konzentriert und produktiv.

Mit Janine, der Führungskraft bei Randstad, hatte ich Ihnen eine extreme Trommel vorgestellt. In der Grafik sehen sie die entsprechende Position. Ausgeprägte Trommeln sind sowohl sehr angespannt als auch stark extrovertiert. Das ist bei der echten Trommel übrigens ganz ähnlich – wenn ihr Fell straff genug gespannt ist, dann ist sie auch sehr laut. Trompeten wiederum sind sowohl extrovertiert als auch entspannt. Diese gut gelaunten Entdecker gehen gerne mit Menschen um und zeigen sich dabei ziemlich unbekümmert. Auch die sozial eingestellten Geigen sind entspannt. Im Extremfall so entspannt, dass es ihnen an Leistungsbereitschaft fehlt. Auffällig extrovertiert oder introvertiert ist eine Geige jedoch nicht.

 **... bis zur angespannt-extrovertierten Trommel ...**

Dafür ist das Klavier eher extrovertiert, da es sich für alle Teammitglieder und deren Talente interessiert. Seine Zielorientierung und sein Erfolgswille machen es angespannt, jedoch auf sanfte Art, das heißt nicht so stark wie die Trommel. Unter Spannung steht ebenfalls das Horn mit seiner Gefühlskraft, allerdings auf introvertierte Weise. Hörner sind deshalb manchmal ziemlich besorgt und befürchten Probleme. Der introvertierte und entspannte Bass würde in derselben Situation vielleicht einfach weiterarbeiten, statt sich Sorgen zu machen.

 ... hat jede Rolle ihren Platz.

»I can program a computer, chose the perfect time
If you've got the inclination, I have got the crime«
Pet Shop Boys »Opportunities«

Mit dem Orchestermodell zum perfekten Team

Sie kennen jetzt das vollständige Orchestermodell und können die Eigenschaften eines jeden Teams damit erfassen. Wie können Sie mit dem Modell nun in der Praxis arbeiten? Welche Chancen eröffnen

 Das Modell in der Praxis

sich Ihnen dadurch? Egal, wie Ihre Ziele aussehen, im ersten Schritt sollten Sie immer testen, welches Team Sie im Augenblick haben. Als wir SDCT gründeten, hatten wir uns alle schon intensiv mit dem Modell von Belbin beschäftigt. Jeannette, John, Jan und wir von Cat Consultants kannten also unsere bevorzugten Teamrollen und wussten ebenso, wo wir die Ergänzung durch andere Teammitglieder brauchten. Wir waren begeistert, als wir sahen, dass unsere vier Unternehmen allein mit ihrem Kernteam praktisch schon ein volles Orchester stellen konnten.

Alle vier Firmen von SDCT testeten jetzt auch jeden neuen Bewerber auf seine bevorzugten Rollen. Wir von »Cat Consultants« zum Beispiel legten zwar bei allen unseren Teammitgliedern Wert auf Trommel- und Trompeteneigenschaften, jedoch genügte es, wenn jemand die Trommel oder die Trompete als zweites oder drittes Instrument beherrschte. Ganz ohne Trommel- beziehungsweise Trompetenqualitäten wäre kaum jemand mit unserem Modell klargekommen, bei dem sich jeder seine Kunden und seinen Erfolg selbst erarbeiten musste. Gleichzeitig mussten wir »Cats« aber scharf aufpassen, nicht zu viel zu trommeln oder zu laut zu posaunen. Im Einzelhandel, für den wir viel arbeiteten, finden sich viele Geigen und Hörner. Sie brauchen sanfte Trainer, die in der Lage sind, auf ihre Gefühlskraft einzugehen. Deshalb holen wir auch Leute ins Team, die Geige oder Horn als zweites, drittes oder viertes Instrument beherrschten.

Keine Scheu vor dem Test! Vielleicht fragen Sie sich, wie die Bewerber bei den vier Firmen von SDCT auf das Modell und den Test reagiert haben? Der Instrumententest bringt schließlich Persönlichkeitsmerkmale an den Tag. Und da fällt heute schnell das Stichwort »Persönlichkeitsrecht«. Wir haben mit Belbin-Tests immer nur positive Erfahrungen gemacht und keinen Fall erlebt, in dem sich ein Bewerber bei dem Test unwohl gefühlt hätte. Ich kann Ihnen deshalb nur empfehlen, Ihr gesamtes bestehendes Team und alle potenziellen Neuzugänge auf ihre bevorzugten Teamrollen zu testen und dann anhand der Testergebnisse zu entscheiden. Dabei ist es jedoch ganz wichtig, dass Sie Ihr Vorgehen transparent machen. Bei SDCT kannten wir alle unsere bevorzugten Instrumente und haben selbstverständlich auch jeden ernsthaften Bewerber oder Neuzugang darüber aufgeklärt. Das schafft schon einmal viel Vertrauen.

Der Belbin-Test hat außerdem den unschlagbaren Vorteil, dass der Teilnehmer nie »gut« oder »schlecht« abschneiden kann.  **Niemand hat beim Test etwas zu verlieren** Das haben wir Bewerbern von Anfang an klargemacht. Es gibt keine besseren oder schlechteren Teamrollen. Sondern unterschiedliche Menschen nehmen in unterschiedlichen Situationen unterschiedlich gerne unterschiedliche Teamrollen ein. Abhängig von den angestrebten Zielen »passt es« – oder es »passt nicht«. Auch gibt niemand, der einen Belbin-Test macht, dadurch zu viel von seiner Persönlichkeit preis. Die Instrumente beziehen sich nun einmal ausschließlich auf das bevorzugte Verhalten im Job. Privat können die Teammitglieder ganz anders sein. Ich zum Beispiel bin privat auch oft so, wie es im Team eine Geige wäre. Aber im Job bin ich selten eine Geige.

SO SIND SIE IM TAKT

Testen Sie Ihr gesamtes Team und jeden aussichtsreichen Bewerber mit dem Orchestermodell. So sehen Sie genau, welches Team Sie haben, und können jedes Team, das Sie brauchen, gezielt zusammenstellen.

Wenn Sie offen kommunizieren, worum es geht, und auch selbst Vorbild dafür sind, Teamrollen zu reflektieren und diese bewusst einzunehmen, **Schnelltest oder in die Tiefe gehen? Beides funktioniert.** sollten Sie mit anderen Teammitgliedern und Bewerbern keine Probleme bekommen, wenn Sie den Test vorschlagen. Die Sache wird noch einfacher dadurch, dass Sie den Test unterschiedlich intensiv und nuanciert durchführen können. Im Kapitel »Welche vier Grundkräfte in jedem Team wirken« (S. 69) haben Sie gelesen, dass eine erste Einschätzung durch gegenseitiges Feedback bei den Hauptinstrumenten schon eine ganz gute Trefferquote hat. Voraussetzung dafür ist, dass das Modell bekannt ist und diejenigen, die einander Feedback geben, einiges übereinander wissen. Das Orchesterspiel aus diesem Buch beziehungsweise auf der Website www.richarddehoop.de ist ein ziemlich nuancierter Ansatz, der auf spielerische Art Ergebnisse erzielt, mit denen Sie arbeiten können. Benötigen Sie noch mehr Präzision, dann machen Sie den vollständigen Interplace®-Test der Belbin-Organisation, der auch auf Deutsch angeboten wird. Details dazu finden Sie am Schluss dieses Buchs unter »Zugabe« (S. 221).

Müssen Sie Ihre »Lücken« füllen …  Sobald Sie alle Haupt- und Nebeninstrumente Ihres jetzigen Orchesters kennen und dann das Quadrantenmodell – den »Sitzplan« – anschauen, werden Sie eventuell Lücken entdecken. Bei manchen Teams sind alle Instrumente vertreten, aber bei vielen Teams sind auch bestimmte Quadranten auffällig leer. Ihre Ziele bestimmen nun wiederum, ob das so okay ist oder ob Sie Ihr Team dringend ergänzen sollten. Erinnern Sie sich an die holländischen Verbraucherschützer aus dem Kapitel »Welche vier Grundkräfte in jedem Team wirken« (S. 69)? In dieser Organisation gab es ganz viele Harfen und Bässe. Die Musik spielte deshalb hauptsächlich im Quadranten oben links, wo es entspannt und introvertiert zugeht. Der Veränderungsprozess erforderte jedoch ein gewisses Maß an produktiver Spannung. Und das erklärte Ziel »Kundenorientierung« erforderte außerdem, den Blick mehr nach außen zu richten. Mehr Trommeln und Klaviere taten dieser Organisation also gut.

… oder ist das Team trotzdem okay?  Bei einem Altenpflegeheim, wie Sie auch schon kennengelernt haben, wäre es jedoch grundfalsch, lauter Trommeln und Klaviere ins Team zu holen, bloß weil es viele Geigen gibt. Denn eine Atmosphäre der Ruhe und Entspannung ist ja gerade das, was den Bewohnern des Heims guttut. Ich denke, Sie müssen als Führungskraft kein Psychologe sein, um eine Situation anhand der beiden Gegensatzpaare einzuschätzen. Brauchen wir mehr Drive oder ist Gelassenheit gefragt? Müssen wir innen was machen oder nach außen gehen? Das ist in der Regel ziemlich klar.

Wenn Sie in der komfortablen Lage sind, ein 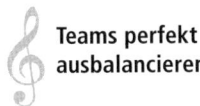 **Teams perfekt ausbalancieren** kleineres Team, beispielsweise eine Projektgruppe, aus dem Pool eines größeren Teams, etwa der ganzen Firma, zusammenzustellen, dann setzen Sie einen klaren Akzent, achten aber auch auf Gegengewichte. Mal angenommen, in Ihrer Firma soll sich ein Innovationsteam regelmäßig treffen, um Ideen für neue Produkte und Services zu entwickeln. Hier muss intensiv nachgedacht werden, also stehen die Zeichen auf Introversion. Die Gitarren als aktive und kreative Denker werden sich hier ganz in ihrem Element fühlen. Sie gehören unbedingt in das Innovationsteam. Doch ein reines Gitarrenensemble würde Gefahr laufen, sich monatelang in die aberwitzigsten Zukunftsvisionen hineinzusteigern. Und der Geschäftsleitung wenig brauchbare Ergebnisse liefern. Deshalb tun dem Innovationsteam Harfen gut, die jeden Vorschlag sofort kritisch prüfen und aussichtslose Ideen gnadenlos zerpflücken.

Geigen wiederum können verhindern, dass es bei dem Wettstreit der aktiven und reaktiven Denker nicht permanent zu Streit im ganzen Team kommt. Wenn die Geschäftsleitung aber wirklich brauchbare Vorschläge bekommen soll, muss noch ein Klavier oder sogar eine Trommel ins Team, das den Denkern Druck macht, damit sie konkret werden. Eine Trompete wird zusätzlich dafür sorgen, dass genügend Ideen von außen berücksichtigt werden und sich nicht jeder nur auf das eigene Know-how verlässt. Hörner werden in einem Innovationsteam auf die Details ebenso achten wie auf die sachgerechte Dokumentation der Ergebnisse. Am wenigsten gebraucht wird hier vielleicht der Bass. Denn die Umsetzung der Ideen kommt erst später.

Neuer Sound dringend gesucht: Teamumbau

»As you discover a changing world
You can't be guessing, you must be for sure«
Earth, Wind & Fire »The Changing Times«

Marmorfassade und im Bronzeton verspiegelte Scheiben. Schwere Türen mit Messingbeschlägen. Hinein geht es auf schweren Teppichen in einen schwach beleuchteten Eingangsbereich. Dann in eine holzgetäfelte Halle ohne Tageslicht. Willkommen in einer Bankfiliale des Jahres 1990! Erbaut 1894. Zuletzt renoviert 1976. Bitte haben Sie Respekt, wenn Sie eintreten. Unterlassen Sie lautes Reden und hektische Bewegungen. Melden Sie sich bei einer der Damen im dunkelblauen Kostüm hinter dem holzverkleideten Tresen. Tragen Sie dort Ihr Anliegen vor. Begeben Sie sich nur nach Aufforderung zu dem Glaskasten, aus dem Ihnen ein ernst blickender Mitarbeiter Ihr Geld überreichen wird.

Umbruch im Bankensektor vor 20 Jahren  In den 1990er-Jahren waren viele Branchen stark im Umbruch. Das galt insbesondere für die Banken. Die Geldinstitute waren damals noch sehr konservativ. Sie verwalteten die Einlagen und Kredite mehr, als dass Sie Kunden wirklich einen Service anboten. Und so manche Filiale wirkte ungefähr so einladend auf ihre Kunden wie Amerikas Goldlager Fort Knox. Dementsprechend sahen die Teams in den Filialen aus. Der Kleidungsstil war extrem steif, die Männer trugen langweilige Krawatten und die Frauen kaum Accessoires. In manchen Bankfilialen ging es zu wie in einer Behörde. Geld ist schließlich eine sehr ernste Angelegenheit. Willkommen im Reservat der Harfen, Hörner und Bässe! Etliche Geigen gab es natürlich auch, zu denen die Kinder gerne kamen, um ihr Sparschwein auszuschütten.

Doch die Zeiten sollten sich schnell ändern. Durch den EU-Binnenmarkt bekamen die Banken überall in Europa Konkurrenz aus anderen Ländern. Gleichzeitig wurde das Thema Geldanlage für breite Bevölkerungsschichten interessant. Das waren nur zwei Faktoren von vielen. Die Banken mussten unter den veränderten Marktbedingungen plötzlich mehr Neukunden gewinnen, für bestehende Kunden attraktiver werden und im Privatkundengeschäft insgesamt profitabler sein. John, der bei SDCT auf Banken spezialisiert war, sah hier ganz schnell den entscheidenden Punkt: Mit den bestehenden Teams war das kaum zu schaffen.

Wer seit 30 Jahren in einer Schalterhalle an der Kasse steht und mit Stempel und Unterschrift Bargeld aushändigt, wird nicht von heute auf **Aus einem Bürokraten wird nie ein Vertriebsgenie.** morgen zu einem Vertriebsgenie, das seinen Kunden serienweise Anlageprodukte verkauft. Leider stellten sich viele Topmanager in den Banken genau das vor: Wir geben eine neue Strategie vor und unsere Mitarbeiter setzen diese dann um. Der Grund für solche unrealistischen Erwartungen war und ist, dass Manager nur in funktionalen Rollen denken und nicht in Teamrollen. Wenn ich aber einem Mitarbeiter von oben herab verordne, er solle ab jetzt bitte schön an der Akquisefront als Trompeten-Trommel auftreten, statt wie bisher als Horn-Bass in seinem Glaskasten zu stehen, stürze ich ihn ins tiefste Unglück. Ein dermaßen umpositionierter Mitarbeiter wird sich permanent als Versager fühlen, bald innerlich kündigen und der Firma keinerlei Gefallen mehr tun.

Als ich darüber vor Kurzem mit einem Deutschen diskutierte, fiel ihm sofort die Deutsche Post ein.  **Wie die Deutsche Post die Deutschen nervt** Er erzählte mir, dass die Post in Deutschland noch vor wenigen Jahren eine total bürokratische Organisation war, die von einem eigenen Ministerium gesteuert wurde. Heute gehören die Filialen der Post der Postbank, die wiederum eine Tochter der Deutschen Bank ist. Viele ältere Mitarbeiter, die noch Beamte und von der Postbürokratie geprägt sind, sollen jetzt aktiv Bankprodukte verkaufen. Anscheinend machen viele Deutsche gerade die Erfahrung, dass sie ein paar Briefmarken kaufen und anschließend gebetsmühlenartig noch ein Girokonto oder einen Aktienfonds angeboten bekommen. Angesichts der meterlangen Warteschlangen in den Filialen der Post sind beide Seiten genervt: Mitarbeiter und Kunden. Allein das Management findet die bemüht aufgesagten Verkäufersprüche von Ex-bürokraten eine gute Idee.

SO SIND SIE IM TAKT

Wenn Sie unter veränderten Marktanforderungen mit Ihrem bestehenden Team nicht mehr erfolgreich sein können, führt an einem Umbau Ihres Teamorchesters kein Weg vorbei. Holen Sie Mitarbeiter ins Team, deren Instrumente für die neuen Ziele besser passen.

Mitarbeiter umgruppieren statt umlernen

Wer als Bank oder eben als Post auf seine Kunden zugehen und ihnen Produkte und Services aktiv verkaufen möchte, der braucht dazu auch extrovertierte Mitarbeiter – sonst werden am Ende alle unzufrieden sein: Kunden, Mitarbeiter, Manager. John machte den Banken, die seine Trainingsfirma beauftragt hatten, denn auch unmissverständlich klar, dass die neuen Ziele ohne größeren Umbau der Teams nicht zu erreichen waren. Und hier kam ihm wieder das Team von SDCT zu Hilfe.

Die Banken, mit denen John viel Erfahrung hatte, mussten ein wenig so werden wie der Einzelhandel, mit dem wir bei »Cat Consultants« Routine hatten. Die Weiterentwicklung des Teamorchesters einer Bank konnte unter den damaligen Anforderungen des Marktes nur so aussehen, dass mehr Leute mit Trompeten-, Klavier- und Trommeleigenschaften in die Teams der Filialen kamen. Nur sie sind geeignet, direkt auf Kunden zuzugehen und ihnen Produkte zu verkaufen. Die Hörner, Bässe und Harfen, die solche Eigenschaften auch als Nebeninstrumente nicht mobilisieren konnten, sollten dagegen neue Aufgaben im Back-End der Bank finden.

Bei einem echten Orchester ist ein Umbau ganz  normal. Steht vor der Pause Haydn auf dem Programm und nach der Pause Mahler, dann werden Sie als Zuhörer das Orchester kaum noch wiedererkennen, wenn Sie nach einem Glas Wein auf Ihren Platz zurückkehren. Auch beim Mannschaftssport sind die Zuschauer es gewohnt, kurz vor dem Spiel die aktuelle Aufstellung zu erfahren. Sie richtet sich nach dem Ziel, das der Trainer ausgegeben hat. Nur in Unternehmen tun sich viele mit der Einsicht noch schwer, dass das Team, das sie haben, nie automatisch das Team ist, das sie brauchen. Die Anforderungen des Marktes – sprich der Kunden – verändern sich ständig. Deshalb müssen auch Teams sich immer wieder verändern. Sonst verwandelt sich die Kutsche, in der sie unterwegs sind, ganz schnell zurück in einen Kürbis, und der Traum ist vorbei.

DA CAPO

Menschen lassen sich nie verändern, Teams (fast) immer. Je unterschiedlicher die Mitglieder und je umfassender die Kooperation mit anderen Teams, desto mehr neue Ziele können erreicht werden.

Sämtliche Teamrollen lassen sich anhand der Merkmale Introversion / Extroversion sowie Anspannung / Entspannung verstehen. Das vollständige Modell weist den Weg zum perfekten Team.

Bei größeren Marktveränderungen ist das vorhandene Team selten das, was in Zukunft gebraucht wird. Der erfolgreiche Umbau des Teamorchesters beginnt damit, fehlende Instrumente zu ergänzen.

MIT WELCHEN STIMMUNGEN TEAMS ZU ERFOLGSTEAMS WERDEN

»I'm in the mood for a melody
I'm in the mood for a melody, I'm in the mood«
Robert Plant »In the Mood«

Heute sollen die Lehrer mal Schüler sein. Brav in den Bänken sitzen und dem Trainer zuhören. Mann, was für eine Zumutung! Da kommen sie erst mal zu spät. So wie sie es ihren Schülern niemals erlauben würden. Dann die strategische Platzwahl im Raum. Der Kritiker-Block formiert sich. Wirft schon Blicke mit Tötungsabsicht in Richtung Trainer, bevor der ein einziges Wort gesagt hat. Die anderen versuchen so gut es geht zu ignorieren, dass sie heute an einem Training teilnehmen. Lesen scheinbar konzentriert in ihren Unterlagen. Oder schauen aus dem Fenster. Kaum steht das erste Modell an der Tafel, platzt einem der Lehrer der Kragen: »Beweisen Sie, dass dieses Modell funktioniert!«, brüllt er durch den Raum. Das nenne ich doch mal eine Bombenstimmung …

Die Stimmung im Keller, was jetzt? Sie ahnen es längst: Die Rolle des Trainers in diesem kleinen Drama wurde gespielt von Richard de Hoop. Meine Kollegen und ich hatten den Auftrag, mehrere Teams von Lehrern an einer berufsbildenden Schule in Den Haag erfolgreicher zu machen. Die Stimmung war im Keller, das merkte auch die Schulleitung. Das Misstrauen der Lehrer gegenüber ihren Vorgesetzten war so groß, dass diese ihre Mitarbeiter nicht mehr erreichten. Noch hatte die Schule einen guten Ruf für die Ausbildung in technischen Berufen. Aber dieser Ruf war in Gefahr, weil immer mehr Lehrer Dienst nach Vorschrift machten. Ich hatte mit vier oder fünf der insgesamt 20 Teams schon erfolgreich gearbeitet, als ich zu den Lehrern des Fachbereichs Metallbearbeitung kam. Und der erste Workshop dort fing dann genauso an, wie oben beschrieben.

Zwei Punkte fallen mir in Teams immer wieder auf: Erstens wird über Stimmungen wenig geredet. Zweitens gilt schlechte Stimmung als totale  **Stimmungen sind ein wichtiges Messinstrument.**
Katastrophe. Und weil schlechte Stimmung für viele so schlimm ist und sie so viel Angst davor haben, wird über Stimmungen noch weniger geredet. Bloß den Drachen nicht reizen! Meine Überzeugung ist eine andere: Erstens muss über Stimmungen im Team gesprochen werden. Und zweitens ist schlechte Stimmung keine Katastrophe, sondern ein wichtiges Messinstrument. Wo die Stimmung auf dem Tiefpunkt ist, da sollte sich dringend etwas ändern. Am besten sagen wir der schlechten Stimmung dann: Danke für den Hinweis! Und schauen nach, wo wir positiv ansetzen müssen.

Bei dem Lehrerteam in Den Haag habe ich mich insgeheim fast gefreut, dass der Konflikt gleich  **Schlechte Stimmung heißt: nachsehen, was los ist.**
nach wenigen Minuten so offen ausgebrochen ist. Natürlich habe ich klargestellt, dass ich mich so nicht behandeln lasse. Aber dann hatte ich einen Aufhänger, um nachzuforschen: Was ist hier los? Woher kommt die extreme Gereiztheit? Warum ist die Stimmung so schlecht? Stellen Sie sich vor, beim Autofahren kommt Qualm aus den Ritzen der Motorhaube. Dann halten wir an, öffnen die Haube und sehen nach, was los ist. Klar ist der Qualm unangenehm. Vielleicht sogar etwas beängstigend. Aber ohne den Qualm als Warnsignal wären wir weitergefahren und hätten uns möglicherweise in Gefahr gebracht. Schlechte Stimmung im Team heißt also: Macht die Haube auf! Und seht nach, was los ist.

»I get mad as hell but that's ok
Kick off these shoes 'cause I'm here to stay«
R. Kelly »What I feel«

Ursachen für schlechte Stimmung erkennen und abstellen

Die fünf Fehlfunktionen eines Teams  Schlechte Stimmung ist stets die Folge und nie die Ursache von Problemen im Team. Wenn Teammitglieder sich optimal aufeinander abstimmen sollen, müssen Sie also nach den Ursachen für eine eventuelle Verstimmtheit suchen. Doch welche Ursachen kommen überhaupt infrage? Der amerikanische Organisationsberater und Buchautor Patrick Lencioni hat sich wie ein Arzt an die Diagnose der häufigsten »Krankheiten« von Teams gemacht. Die Ergebnisse seiner Untersuchungen hat der Kalifornier in dem Buch »The Five Dysfunctions of a Team« veröffentlicht. Dies sind nach Lencionis Erkenntnissen die fünf am weitesten verbreiteten Teamkrankheiten:

- fehlendes Vertrauen
- Angst vor Konflikten
- mangelndes Engagement
- Ablehnung von Verantwortung
- Desinteresse an Ergebnissen

Ohne Vertrauen herrscht Angst vor Streit.  Fehlendes Vertrauen ist nach meiner Erfahrung die schwerste Erkrankung eines Teams. Ohne Vertrauen spielen viele ihre Lieblingsinstrumente nicht oder nicht gut, denn sie befürchten, dass ihr Klang unerwünscht sein könnte. Der Mangel an Vertrauen führt auf direktem Weg zur Angst vor Konflikten. Die Teammitglieder scheuen kritisches Feedback, weil sie denken: »Dann habe ich es mir endgültig verscherzt.« Wo das Vertrauen fehlt, erwartet keiner mehr Gutes vom anderen. Erst recht glaubt niemand, dass ein anderes Teammitglied für kritisches Feedback dankbar sein könnte. Patrick Lencioni schreibt: »Der Wunsch, eine künstliche Harmonie aufrechtzuerhalten, verhindert das Aufkommen produktiver Wertekonflikte.« Wie wichtig und produktiv Kritik und Konflikte tatsächlich sind, lesen Sie noch ausführlich im nächsten Kapitel »Feedbackkultur oder: In Kritik steckt Musik« (S. 157).

Es ist kein Wunder, wenn in einer ängstlichen Scheinharmonie das nachlässt, was auf Englisch »commitment« heißt: leidenschaftliches Enga-  **Scheinharmonie macht lustlos und egoistisch.** gement für die gemeinsame Sache. Wo keine Konflikte ausgetragen werden, entsteht keine Klarheit. Und wo keine Klarheit herrscht, können die Teammitglieder auch keine konsequenten Entscheidungen treffen, argumentiert Lencioni. Die zweite unmittelbare Folge der Konfliktvermeidung ist deshalb die Ablehnung von Verantwortung. Wer Verantwortung übernimmt, setzt sich ja möglicher Kritik aus und macht sich angreifbar. Das Endstadium dieses »Syndroms« aus fünf Teamkrankheiten besteht in Desinteresse an Ergebnissen: »Der Chef will wieder mal mehr Umsatz? Na ja, lass ihn reden.« So denken dann alle. Lencioni zufolge interessieren sich die Mitglieder eines »kranken« Teams umso brennender für ihren sozialen Status und ihre individuellen Karriereziele, je mehr die gemeinsamen Ergebnisse des Teams in den Hintergrund treten.

SO SIND SIE IM TAKT

Sehen Sie schlechte Stimmung in Ihrem Team nicht als Problem, sondern als Hinweis auf eine Störung. Finden Sie heraus, welche der fünf Fehlfunktionen nach Lencioni vorliegen. Arbeiten Sie bei der Behebung der Störung die vier Ebenen des Teameffektivitätsmodells (Ziele, Erwartungen, Prozesse, Zwischenmenschliches) ab.

Bei dem Lehrerteam in Den Haag konnte ich die fünf Teamkrankheiten ganz genau beobachten. Der Mangel an Vertrauen war ganz offensichtlich. Zwischen Schulleitung und Lehrern war das Vertrauen erodiert. Deshalb wurde ich als Trainer auch so feindlich empfangen. Die Schulleitung hatte mich beauftragt, und das hieß für die Lehrer automatisch nichts Gutes. Das Training konnte ja nur Schikane sein, weil »die da oben« es sich ausgedacht hatten. Gleichzeitig sprach aber niemand offen über die Situation. Es herrschte eine ängstliche Anspannung. Bis jemand den Druck nicht mehr aushielt und seine ganze Wut aus ihm herausplatzte.

Der Ketchup-bottle-Effekt: Plötzlich entlädt sich alles.  So ist es oft: Konstruktive, produktive Kritik wird so lange ängstlich vermieden, bis die Spannung sich bei jemandem plötzlich als massive, destruktive und ungerechte Kritik entlädt. Für dieses aggressive Verhalten wird derjenige dann vom Team abgestraft. Und das ja nicht ganz zu Unrecht. Völlig überzogene Kritik braucht niemand zu akzeptieren. Alle dürfen einmal mit dem Kopf schütteln und können dann die Scheinharmonie ganz schnell wieder herstellen. Was wirklich los ist, hört man dann an den Kaffeeautomaten oder neben den Kopiergeräten. Stellt aber in Teammeetings jemand die Frage »Gibt es etwas, das wir klären sollten?«, dann heißt es: »Nöööö.« Aber schon beim Rausgehen wird wieder getuschelt.

Je größer ein Orchester, desto besser können sich einzelne Musiker verstecken. Wenn bei einer Oper von Verdi ein Violinist irgendwo tief im Orchestergraben mal einen schlechten Tag hat, fällt das nicht besonders auf. Spielt derselbe Musiker im Streichquartett, dann werden es seine drei Kollegen sofort merken, wenn die Leistung nicht top ist. In großen Teams ist es deshalb besonders wichtig, einen Raum zu schaffen, in dem über Stimmungen gesprochen werden kann.

> »Tell me how do I feel?
> Tell me now, how should I feel?«
> New Order »Blue Monday«

Ein Stimmungsbarometer hilft, über Stimmungen zu sprechen.  Eine spielerische Möglichkeit, die Aufmerksamkeit auf die Stimmung des Teams zu lenken, bietet ein Stimmungsbarometer. Entweder es hängt wie eine Uhr mit einem Zeiger an der Wand. Oder es befindet sich digital im Intranet. Die Teammitglieder können hier jeweils auf einer Skala entscheiden, wie gut oder schlecht sie die aktuelle Stimmung einschätzen. So ist die Stimmung immer im Fokus. Und es kann jederzeit darüber geredet werden: »Schaut mal auf das Stimmungsbarometer! Was ist denn gerade los?« In der deutschen Ausgabe der

»Financial Times« gab es einmal das in der folgenden Abbildung ge-
zeigte witzige Stimmungsbarometer.

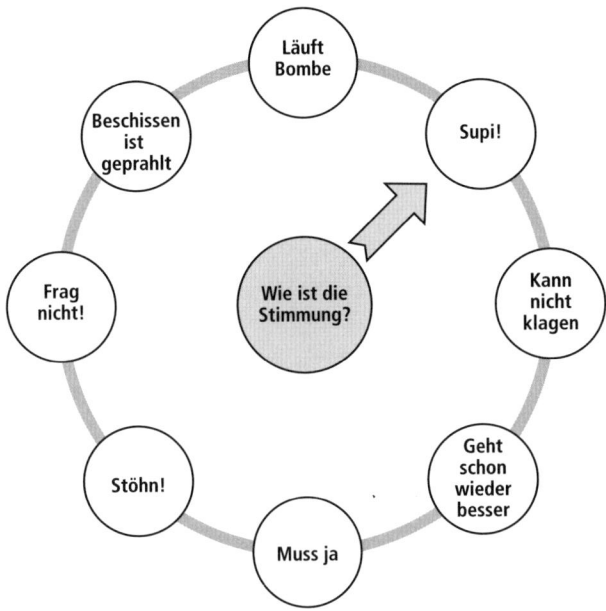

Beispiel für ein Stimmungsbarometer (Quelle: FTD vom 31.01.2012)

Dieses Stimmungsbarometer war in der Zeitung noch kombiniert mit
entsprechenden Emoticons. Auf eine solche humorvolle Art kann es
richtig Spaß machen, Stimmungen zu beobachten und anschließend
darüber zu reden. Sobald Sie feststellen, dass das – reale oder gedach-
te – Stimmungsbarometer Ihres Teams im negativen Bereich ist, gibt
es nur eines: aktiv werden! Übernehmen Sie Verantwortung und
ermöglichen Sie eine Diskussion über die Ursachen der schlechten
Stimmung.

Sie können sicher sein: Bei schlechter Stimmung 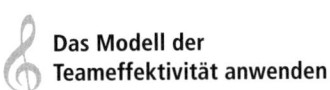 **Das Modell der
Teameffektivität anwenden**
steckt immer etwas dahinter. Um an den richtigen Stellen und in der richtigen Reihenfolge
nach den Ursachen zu suchen, verwenden Sie am besten das Modell

der Teameffektivität aus dem Kapitel »Das Modell der Teameffektivität« (S. 105). Gehen Sie also immer als Erstes auf die Ebene der Ziele zurück. Sind die persönlichen Ziele der Teammitglieder noch im Einklang mit den Zielen der Gruppe? Nächster Punkt: Sind die Erwartungen klar? Dann: Sind die täglichen Abläufe effizient? Und wie immer zum Schluss: Sind da noch menschliche Konflikte zwischen einzelnen Teammitgliedern, die dringend gelöst werden müssen? Natürlich gibt es auch gute Möglichkeiten, über Coaching und Training das Vertrauen direkt zu stärken oder Konfliktfähigkeit zu erlernen. Das nützt jedoch alles nichts, wenn die Ziele und Erwartungen unklar sind.

> »I need the emotion
> I need to feel each passing day go by«
> Barbara Streisand »Emotion«

Die Vielfalt und Kraft der Emotionen erkennen und nutzen

Auch Musiker müssen das (Ab-)Stimmen erst lernen.  Ein junger Musiker, der gerade erst lernt, sein Instrument zu beherrschen, hat noch große Schwierigkeiten zu hören, wie gut es gestimmt ist. Und wenn er in einem Ensemble oder Orchester spielt, dann tut er sich erst recht schwer zu beurteilen, wie die Instrumente der anderen Musiker gestimmt sind. Das macht den Abstimmungsprozess natürlich sehr schwierig. Der Nachwuchsmusiker weiß zwar, wo die technischen Vorrichtungen zum Stimmen der Instrumente sind, aber er hat noch nicht die nötige Sensibilität entwickelt, um ein perfekt gestimmtes von einem leicht verstimmten Instrument zu unterscheiden. Ein erfahrener Musiker hört dagegen schon bei den ersten Tönen alles. Und es gibt Weltstars der Musik, die geradezu hysterisch auf die kleinste Verstimmung eines Instruments reagieren. So ging der Pianist Arturo Benedetti Michelangeli (1920–1995) stets mit eigenem Flügel und persönlichem Klavierstimmer auf Tournee. Und er war berüchtigt dafür, dass er bei der kleinsten Verstimmung des Instruments seine Konzerte kurzfristig absagte oder mittendrin abbrach.

Stimmungen definiert die Psychologie als Emotionen, die länger ausgedehnt erlebt werden und
entweder angenehm oder unangenehm sind. Ein

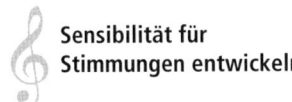

**Sensibilität für
Stimmungen entwickeln**

Schreck ist zum Beispiel eine einfache Emotion. Er ist zwar unangenehm, geht aber schnell wieder vorbei. Die Fröhlichkeit an einem
sonnigen Urlaubstag am Meer ist dagegen eine Stimmung. Ange-
nehme Gefühle begleiten den ganzen Tag. Die Motivationsforschung
hat schon lange belegt, wie groß der Einfluss von Stimmungen auf
die Produktivität bei der Arbeit ist. Das gilt für Teams genauso wie
für jeden Einzelnen. Bisher habe ich in diesem Kapitel einfach von
»schlechter Stimmung« gesprochen. Ich denke, jeder weiß, was damit
gemeint ist. Es lohnt sich jedoch, noch einen genaueren Blick auf die
Stimmungen in Teams zu werfen.

Es ist wie bei dem Orchester, das mit der Zeit lernt, sich immer besser
abzustimmen: Je genauer die Mitglieder eines Teams sich kennen und
je offener und reflektierter sie im Hinblick auf ihre Emotionen werden, desto mehr können sie tun, um die Stimmung im Team positiv
zu beeinflussen. Es ist vollkommen klar, dass nur ein positiv gestimmtes Team maximal motiviert ist und seine Ziele mit Leichtigkeit und
Freude erreicht. Doch positive Stimmung bekommt man nicht, indem
der Teamleader viermal in die Hände klatscht und dabei »Tschakka,
Tschakka!« ruft. Es kommt vielmehr darauf an, ein feines Gespür für
die Emotionen zu entwickeln, die den Stimmungen zugrunde liegen
oder sich zu ihnen auswachsen können.

In der Psychologie gibt es seit Längerem Ansätze,
die ganze Bandbreite der Emotionen des Menschen auf einige wenige Basis-Emotionen zu-

**Vier Grundgefühle des
Menschen**

rückzuführen. Jede nuancierte Emotion oder Stimmung ist letztlich
nur eine Variation einer der wenigen Basis-Emotionen, die es schon
ganz früh in der Entwicklungsgeschichte der Menschheit gab. Es ist
dann wie in der Musik von Bach, bei der ein Thema immer wieder
variiert wird und dann jeweils anders klingt. Daniel Goleman, der
Autor des Buchs »Emotionale Intelligenz«, gehört zu den zahlreichen
Psychologen, die von folgenden vier Grundgefühlen ausgehen:

- Angst
- Wut (Ärger)
- Traurigkeit (Niedergeschlagenheit)
- Freude (Fröhlichkeit)

Mit fröhlicher Stimmung sind Teams maximal erfolgreich.  Dauert eines dieser vier Gefühle jeweils länger an, so wird daraus eine Stimmung. Dummerweise erreichen Teams nur mit einer der vier Stimmungen voll motiviert ihre Ziele: natürlich mit der fröhlichen Stimmung. Was eine »fröhliche Note« hat, das macht Spaß und fühlt sich gut an. Jedes Team sollte versuchen, eine fröhliche Stimmung zu erreichen und aufrechtzuerhalten. Es wäre jedoch der vollkommen falsche Weg, drei von vier möglichen Grundgefühlen einfach auszublenden und zu verdrängen, um positive Stimmung zu erzwingen. Die Folge wäre genau jene Scheinharmonie als Ergebnis von Konfliktvermeidung, die Patrick Lencioni beschrieben hat. Wo kein Vertrauen herrscht, da will man sich auch mit Angst, Ärger oder Niedergeschlagenheit nicht näher beschäftigen.

Beschäftigung mit sämtlichen Emotionen  Doch genau diese Beschäftigung mit Emotionen auf der Basis von Vertrauen ist so wichtig für das Team. Das Ziel ist es, die Vielfalt und Kraft der Emotionen zu erkennen und zu nutzen. Denn immerhin zwei der drei das Team demotivierenden Stimmungen lassen sich positiv transformieren und produktiv machen. Dazu ist es nötig, sie mutig zu benennen und direkt anzuschauen. Die erste der beiden transformierbaren Emotionen ist die Angst. Wo im Team eine ängstliche Stimmung vorherrscht, da geht es immer um Erwartungen an die Zukunft. Angst bezieht sich grundsätzlich auf zukünftige Ereignisse. Was wir bereits erlebt haben oder jetzt im Augenblick erleben, macht uns keine Angst (mehr).

»When my insides are wracked with anxiety
You have the touch that will quiet me«
Melanie C »I Turn to You«

Das Gefühl der Angst ist für das Leben grund- **Angst kann hilfreich sein oder blockieren.** sätzlich hilfreich. Menschen, die aufgrund einer angeborenen Störung keine Angst empfinden, haben nur eine sehr geringe Lebenserwartung. Angst bewahrt uns davor, bei 130 Sachen auf der Autobahn am Steuer gleichzeitig Zeitung zu lesen. Oder aus dem Fenster eines Hochhauses zu springen, um schneller auf dem Parkplatz zu sein. Angst ist gut, denn sie warnt uns eindringlich vor Risiken, die unsere Gesundheit und unser Leben gefährden. Deshalb wird die Evolution unsere Angst so schnell nicht beseitigen. Belastend ist lediglich die unbegründete und lähmende Angst. Manche Menschen fahren lieber 1000 Kilometer mit dem Auto als zu fliegen, weil sie Flugangst haben. Diese Angst ist unsinnig, weil Fliegen viel sicherer ist als Autofahren. Hier blockiert Angst eine positive Handlung.

Bei einer ängstlichen Stimmung im Team muss **Angst als Motor für Klärungsprozesse** auf der Ebene der Ziele und Erwartungen geklärt werden, ob die Angst ein positives Warnsignal ist oder eine sinnlose Blockade. Sind die Ziele des Teams vielleicht doch zu hoch gesteckt? Ist das Risiko zu groß? Dann korrigieren Sie die Ziele, um der Angst zu begegnen. Oder hat Ihr Team nur schlechte Erfahrungen gemacht und unterschätzt deshalb seine Möglichkeiten? Dann ist es nötig, das Ziel als erreichbar darzustellen. Eine ängstliche Stimmung ist in jedem Fall ein Motor, um sich im Team Gewissheit über die Erwartungen an die Zukunft zu verschaffen. Gelingt dem Team das, dann hat ihm die Angst am Ende genützt.

 ## SO SIND SIE IM TAKT

Werden Sie zum Meister darin, Gefühle in Ihrem Team wahrzunehmen und Stimmungen zu erkennen. Setzen Sie sich mit negativen Emotionen offen auseinander. Nur so können sie diese positiv transformieren.

Bei Wut geht es immer um Werte.  Während sich Angst auf die Zukunft richtet, ist Wut oder Ärger immer auf unsere Werte bezogen. Wir ärgern uns und werden wütend, weil jemand unsere Werte verletzt und wir diese verteidigen wollen. Vielen Menschen genügt schon die Lektüre des Politikteils einer Tageszeitung, um sich total aufzuregen. Sie sind wütend, weil sich die Politiker, die gerade an der Macht sind, an anderen Werten orientieren als ihren eigenen. Wenn uns dann sogar jemand anrempelt oder auf den Fuß tritt, fühlen wir uns im »Selbst-Wert« verletzt. Der emotionale Schmerz ist weit größer als der körperliche. Und er kann uns wütend machen. Doch weil Wut sich auf Werte bezieht, lässt sie sich im Team auch auf der Werteebene transformieren.

Wo eine gereizte Stimmung herrscht, fragen Sie sich: Wer ist in seinem »Selbst-Wert« beeinträchtigt und wie lässt sich das Selbstwertgefühl wieder herstellen? Oder wer kann sich vielleicht mit den Zielen des Teams persönlich nicht identifizieren, weil diese mit seinen Werten unvereinbar sind? Unter den Lehrern an der berufsbildenden Schule in Den Haag, wo im Team eine so gereizte Stimmung herrschte, waren einige ältere Kollegen, die mit den neuen, demokratischen Unterrichtsformen nicht klarkamen. Sie waren es von früher gewohnt, dass ihre Lehrmeinung niemals infrage gestellt wird. Manche fühlten sich in ihren Unterrichtsräumen wie in kleinen Fürstentümern. Ihre Privilegien waren jetzt in Gefahr.

Niedergeschlagenheit fesselt an die Vergangenheit.  Statt sich weiter zu ärgern, lernten diese Lehrer in einem Coaching, eine klare Entscheidung zu treffen: Sind sie bereit, ihr Wertesystem weiterzuentwickeln und den modernen Zeiten anzupassen? Zwei oder drei Lehrer entschieden sich dagegen und stiegen aus ihrem Job aus. Gut möglich, dass sie bereits von Niedergeschlagenheit erfasst waren. Trauer oder Niedergeschlagenheit bezieht sich immer auf die Vergangenheit. Etwas ist nicht so gelaufen, wie wir uns das gewünscht hätten. Wir kommen aber nicht darüber hinweg und können nicht loslassen. Niedergeschlagenheit fesselt ein Team an die Vergangenheit. Und da die Vergangenheit nicht mehr zu ändern ist, lässt sich diese Stimmung auch nicht unmittelbar transformieren. Einziger Ausweg:

Das Team sammelt so viele neue, positive Erfahrungen, bis es die negativen Erlebnisse der Vergangenheit loslassen kann.

So wie es für Musiker ein langer Weg ist, bis sie sofort hören, ob alle Instrumente im Raum gut gestimmt sind, so sollten auch Sie den Umgang 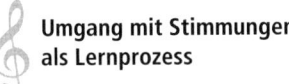 **Umgang mit Stimmungen als Lernprozess** mit Stimmungen in Ihrem Team als Lernprozess begreifen. Wenn Sie überhaupt einmal anfangen, auf Stimmungen zu achten und mit den anderen Mitgliedern Ihres Teams offen darüber zu sprechen, haben Sie bereits einen Riesenschritt gemacht. Alles andere ergibt sich mit der Zeit im regelmäßigen Austausch. Bei Musikern ist es genauso. Nur wenn sie immer wieder ihre Kollegen fragen und sich mit ihnen austauschen, entwickeln sie mit der Zeit das richtige Gespür für perfekt gestimmte – oder eben auch mal verstimmte – Instrumente.

> »Whoa! I feel good, I knew that I would, now
> I feel good, I knew that I would«
> James Brown »I Feel Good«

Good Vibrations: Erfolgsstimmung erzeugen und erhalten

Pfingstmontag 8.00 Uhr morgens. Treffpunkt ein Parkplatz irgendwo in West-Flandern. Das ist alles, was die Mitarbeiter der belgischen Bekleidungskette wissen. Trotzdem freuen sie sich wie Kinder auf diesen Montag. Es ist der alljährliche Überraschungstag, den der Chef und seine Frau für die gesamte Belegschaft organisieren. Wo wird es diesmal hingehen? Was erwartet uns? Seit Tagen wird spekuliert. Aber vorher erraten hat es eigentlich noch nie jemand. Dafür ist der Chef einfach zu kreativ. Jedes Jahr hat er eine neue verrückte Idee. Und immer sind auch die Lebenspartner der Mitarbeiter eingeladen. Nur eines steht schon fest: Alle werden wieder jede Menge Spaß haben.

Ein Unternehmer mit »Passion for fashion«  Lieven, der Inhaber der Bekleidungskette Brooklyn, ist Unternehmer durch und durch. Dabei zeichnet den Flamen, der seine langen grauen Haare zu einem Pferdeschwanz gebunden trägt, eine ganz besonders glückliche Kombination von Instrumenten aus: Als Chef ist er sowohl eine superkreative Gitarre als auch ein extrem tüchtiger Bass. Mit anderen Worten: Lieven ist der beste Umsetzer seiner eigenen Ideen. Ich kenne niemanden, auf den der Spruch »Passion for fashion« besser zuträfe – dieser Mann liebt seine Branche, seinen Job und seine Firma. Nun hätte man sicher auch über einen Steve Jobs behaupten können, dass er seine Branche, seinen Job und seine Firma liebt. Bei einem »car guy« wie Ferdinand Piëch dürfen wir das Gleiche vermuten. Bloß waren und sind solche Chefs bei ihren Mitarbeitern genauso respektiert wie wegen ihres diktatorischen Umgangs gefürchtet.

Bei Brooklyn habe ich dagegen erlebt: Alle lieben Lieven! Dieser Mann gibt immer 100 Prozent. Und seine Mitarbeiter geben es auch. Freiwillig, aus eigener Begeisterung, und nicht etwa aus Angst oder unter Druck. Als Bass schont Lieven sich selbst nie. Seine Firma ist sein Leben, und es sieht fast so aus, als wäre er immer bei der Arbeit. Sieben Tage die Woche. Selbst im Schlaf kommen ihm neue Ideen. Auch von seinen Mitarbeitern verlangt er viel – sehr viel sogar. Aber sie folgen ihm und machen mit. Lievens Firma ist deutlich erfolgreicher als der Branchendurchschnitt. Klar, dass mich interessiert hat, wie dieser Mann das eigentlich hinbekommt, eine so gute Stimmung zu wecken und aufrechtzuerhalten. Je länger ich Lieven kannte, desto mehr Punkte fielen mir auf.

Identifikation lässt Begeisterung entstehen. Die eigene Begeisterung für seine Firma springt bei Lieven als Erstes ins Auge. Doch schon das ist alles andere als selbstverständlich. In verschiedenen Umfragen kam heraus, dass mehr als die Hälfte der mittelständischen Unternehmer ihre Firma sofort verkaufen würde, wenn ihnen jemand genug Geld dafür gäbe. Wenn ich solche Zahlen lese, frage ich mich: Wie soll ein Chef gute Stimmung verbreiten, der sich selbst jeden Morgen zur Arbeit quält und insgeheim auf einen Käufer hofft? Identifikation heißt deshalb das erste Schlüsselwort für die Erfolgsstimmung im Team. Ein Teamleader, der sich mit dem Team und seinen Zielen vollkommen identifiziert, ja davon begeistert ist, steckt andere ganz automatisch damit an.

Lieven ist in seiner Firma ja nicht etwa Trompete, sondern Gitarre und Bass. Das sind zwei der drei am stärksten introvertierten Rollen! Trotzdem können alle Mitarbeiter seine Begeisterung spüren und werden von ihr angesteckt. Diese Leidenschaft ist authentisch und kraftvoll. Sie braucht keinerlei künstliche Verstärker. Nun kann natürlich jemand von seiner Arbeit total begeistert und gleichzeitig narzisstisch und rücksichtslos sein. Bei Lieven ist das Gegenteil der Fall. Er mag einfach Menschen und interessiert sich für sie. Die Gefühle und Bedürfnisse seiner Mitarbeiter sind ihm alles andere als gleichgültig. Anteil nehmen und Dinge im Team miteinander teilen ist sein zweiter Schlüssel für die ständig gute Stimmung.

Von dem alljährlichen Überraschungstag für sämtliche Mitarbeiter und ihre Lebenspartner haben Sie bereits gelesen. Lieven und seine Frau  **Wer anderen etwas gönnt, hebt sofort die Stimmung.** ließen sich dafür die tollsten Sachen einfallen und sparten an nichts. West-Flandern, die Gegend rund um die Städte Brügge, Kortrijk und Ostende, gehört ohnehin zu den reichsten Regionen Europas. Die Menschen hier verstehen zu leben, arbeiten aber auch hart dafür. Den französischsprachigen Belgiern im Süden werfen sie manchmal vor, den zweiten Punkt etwas zu vernachlässigen … Lieven jedenfalls interpretiert den großzügigen Lebensstil seiner flämischen Heimat so, dass es ihm Spaß macht, anderen Gutes zu tun. Nicht nur einmal im Jahr am Pfingstmontag, sondern eigentlich immer. Als Trainer für Brooklyn-Filialen wurden wir stets im besten Hotel der jeweiligen Stadt untergebracht. Und während der Trainingstage waren wir, gemeinsam mit dem Verkaufsteam, jeden Mittag in eines der besten Restaurants eingeladen. Wer die flämische Küche kennt, weiß, wovon ich spreche.

Die größte Wertschätzung bringt Lieven seinen Mitarbeitern jedoch mit Dingen entgegen, die **Die größte Wertschätzung ist nicht zu kaufen.** man nicht mit Geld kaufen kann. So kennt er nicht nur alle seine rund 300 Mitarbeiter mit Namen, sondern meistens auch die Namen der Partner und der Kinder. Jeden, der Geburtstag hat, ruft er kurz an, um zu gratulieren. Regelmäßig fragt er nach, wie es bei den Leuten zu Hause so läuft. Gerade weil er von seinen Mitarbeitern viel verlangt, bezieht er deren Familien immer wieder ein. Denn er weiß ja, dass jede Überstunde auf Kosten der Familienzeit geht. Die Flamen sind generell sehr familienorientiert und in diesem Punkt sensibel. Wenn eine Firma zeigt, dass sie sich für die Belange der Familien interessiert, leidet die Stimmung auch dann nicht, wenn die Familie manchmal Opfer bringen muss.

SO SIND SIE IM TAKT

Als Teamleader können Sie zu einer positiven, produktiven Stimmung viel beitragen. Eigene Begeisterung für die Arbeit, echtes Interesse an den Menschen im Team sowie die Fähigkeit, anderen Gutes zu gönnen, zeichnet Chefs aus, die »Good Vibrations« verbreiten.

Auf das Beziehungskonto einzahlen, bevor man abhebt  Vielleicht kennen Sie das Modell des »Beziehungskontos«? Es vergleicht Geben und Nehmen auf der zwischenmenschlichen Ebene mit den Einzahlungen und Abhebungen bei einem Bankkonto. Der Businessguru Stephen R. Covey hat das Modell in seinem Weltbestseller »Die 7 Wege zur Effektivität« bekannt gemacht. Ursprünglich entwickelt wurde es vor über 40 Jahren von dem amerikanischen Psychologen und Familientherapeuten Thomas Gordon. Covey hat erkannt, dass das Modell für die Beziehungen im Berufsleben genauso passt wie in der Familie. Immer geht es auf der zwischenmenschlichen Ebene darum, nicht bloß zu fordern, sondern auch etwas zurückzugeben. Auf ein Beziehungskonto sollten Sie immer erst einzahlen, bevor sie etwas abheben. Sonst sind Sie sofort im Minus. Genau wie bei einem richtigen Bankkonto.

Wer regelmäßig auf die Beziehungskonten mit  **Sechs Einzahlungen auf das Beziehungskonto nach Stephen Covey** seinen Teamkollegen einzahlt, der bildet Reserven. Covey nennt das die »Vertrauensreserve«. Sie wird außer mit »guten Taten« vor allem durch Freundlichkeit, Ehrlichkeit und Zuverlässigkeit aufgebaut. In dem Buch »Die 7 Wege zur Effektivität« nennt Covey sechs wichtige Formen der Einzahlung auf ein Beziehungskonto:

- den einzelnen Menschen verstehen
- auf Kleinigkeiten achtgeben
- Zusagen einhalten
- Erwartungen klären
- jeden nach denselben Prinzipien behandeln
- sich für Überziehungen entschuldigen

Am wichtigsten ist für Covey, echtes Verständnis für andere Menschen zu entwickeln. Das bedeutet, ihre Individualität zu erkennen und anzuerkennen und niemanden nur nach den eigenen Maßstäben zu messen. Um diesen Punkt wird es im nächsten Kapitel »Feedback-kultur oder: In Kritik steckt Musik« (S. 157) noch ausführlich gehen. Lieven bringt als Unternehmer ganz viel von dieser Eigenschaft mit. Er schätzt jeden Mitarbeiter wegen seiner Einzigartigkeit. Und achtet auf Details, wie etwa gute Wünsche zum Geburtstag. Auch die anderen vier Formen der Einzahlung sehe ich bei ihm ganz klar. Die Folge: Er verlangt sehr viel von seinen Mitarbeitern, und das Team bleibt trotzdem in Balance. Lieven zahlt ein und hebt ab, zahlt ein und hebt ab und so weiter.

Die positive, fröhliche Stimmung, mit der Ihr  **Regelmäßige »Einzahlungen« ändern dauerhaft die Stimmung.** Team zum Erfolgsteam wird, können Sie nicht erzwingen. Aber Sie können regelmäßig auf das Beziehungskonto mit Ihren Mitarbeitern oder Teamkollegen einzahlen. Sie werden merken, dass sich die Stimmung dann ganz von allein verändert. Wichtig ist, dass Sie Geduld haben. Auch das ist wie bei der Geldanlage. Wer gerade mal ein halbes Jahr in einen Fonds eingezahlt hat, sollte nicht erwarten, plötzlich reich zu sein. Wer aber über viele Jahre regelmäßig einzahlt, baut ein Vermögen auf. Wenn Sie in Ihrem

Team jetzt noch negative Emotionen als Warnsignal begreifen, aktiv nach den Ursachen forschen und diese beseitigen, kann es sein, dass Sie am Ende selbst überrascht sein werden, welche fröhliche Note die Zusammenarbeit bekommen hat.

DA CAPO

♫ Schlechte Stimmung im Team ist ein wichtiges Signal, das hilft, Ursachen von Problemen zu erkennen und abzustellen.

♫ Nur mit einer fröhlichen, positiven Stimmung werden Teams zu Erfolgsteams. Unangenehme Gefühle sollten jedoch nicht ignoriert, sondern aktiv bearbeitet werden.

♫ Wer sich mit den anderen Menschen im Team wirklich beschäftigt und auf das Beziehungskonto einzahlt, kann auf Dauer zu einer positiven Stimmung beitragen.

IN KRITIK STECKT MUSIK

> »I was in the wrong place at the wrong time
> For the wrong reason and the wrong rhyme
> On the wrong day of the wrong week
> I used the wrong method with the wrong technique«
> Depeche Mode »Wrong«

*Unser Dorf Stramproy hat rund 5000 Einwohner. An einem Wochen-
ende im Juli 2006 erwarteten wir 60 000 Besucher! Ein Jahr lang
hatten die Dorfbewohner das Schützenfest vorbereitet. Jetzt war alles perfekt organisiert. Aus einem Acker war ein Festplatz geworden.
Es gab Parkplätze für Tausende von Autos. Überall Buden, Zelte,
Attraktionen. Dazu Essen noch und noch: Hamburger, Heringe, Bröt-
chen … und, ja, natürlich auch Pommes frites. Überall kontrolliert
hygienisch. Am Ende kam die Königin zu Besuch. Nicht die Schüt-
zenkönigin, sondern die echte Beatrix! Alle hatten beste Laune und
niemand etwas zu meckern. Wirklich keine Konflikte und null Kritik
im Nachhinein? Nein, alles vorher geklärt …*

Zum »Alt-Limburger Schützenfest« treffen sich  **Was Organisationen von einem Schützenfest lernen können**
seit 1906 jeden Sommer über 160 Schützenver-
eine aus dem holländischen und dem belgischen
Teil der Region. Immer trägt der Ort das Fest aus, dessen Schützen im
Vorjahr das Schießen auf die »bölkes« (quadratische Holzklötzchen)
oben auf dem Schießbaum gewonnen haben. Zusammen mit dem
Karneval, den wir hier genauso feiern wie unsere Nachbarn in Düsseldorf, Aachen oder Köln, ist das Schützenfest die fröhlichste Feier im
Jahr. Das Fest vereint Jung und Alt sowie alle sozialen Schichten. Bei
uns in Stramproy fand es 1966, 1986 und 2006 statt – und immer war
derselbe Schütze an dem Siegtreffer beteiligt! An dem Juliwochen-
ende 2006 hatten wir alle einen Riesenspaß. Die Dorfbewohner spre-

chen noch heute davon. Bis das Fest dann wahrscheinlich 2026 wieder nach Stramproy kommt ...

Auch ich denke hin und wieder an unser letztes großes Schützenfest. Nämlich immer dann, wenn ich in Organisationen bin, wo es ganz furchtbar problematisch ist, Kritik zu üben. Wo sich niemand traut »etwas zu sagen«. Und wo dann im Nachhinein, wenn es zu spät ist, unter der Hand umso heftiger kritisiert wird. Manchmal lassen Teammitglieder in solchen Organisationen kein gutes Haar an dem, was andere auf die Beine gestellt haben. Aber in der Vorbereitungsphase, als sie mit ihrer Kritik noch Einfluss auf das Ergebnis gehabt hätten, da haben sie geschwiegen. Sie warten ängstlich ab, bis etwas schiefgeht. Aber selbst dann äußern sie ihre Kritik nicht offen, sondern indirekt und gerne an die falsche Adresse. So wird Kritik zum schleichenden Gift für das Team. In Organisationen mit solchen Teams denke ich an unser Schützenfest: Warum konnten während der einjährigen Vorbereitung alle so locker Kritik üben und annehmen? Und warum waren hier am Schluss alle zufrieden?

Wo alle begeistert auf ein Ziel hinarbeiten, ist Kritik kein Problem. Für mich gibt es nur eine plausible Antwort: Wo alle total begeistert auf ein gemeinsames Ziel hinarbeiten, da ist auch Kritik kein Problem. Im Gegenteil: Jeder, der sieht, wie man etwas besser machen kann, sagt das sofort offen. Die anderen denken dann darüber nach und stimmen entweder zu oder machen noch bessere Vorschläge. Alle miteinander wollen es ja so gut wie möglich hinbekommen! Niemand unterstellt einem Kritiker, er könnte anderes im Sinn haben als das bestmögliche Ergebnis. Jeder weiß: Kein Mensch ist auf Anhieb perfekt. Wir brauchen kritisches Feedback, um unsere Talente zu entdecken und zu entwickeln.

Nicht von ungefähr ist die »anti-autoritäre Erziehung« der 1970er-Jahre gescheitert. Wer Kindern überhaupt kein nuanciertes Feedback gibt, sondern ihnen alles Unangenehme erspart und sie überall bestätigt, der macht sie garantiert orientierungslos und unglücklich. Kinder vertragen Kritik sehr gut, solange sie spüren, dass die Erwachsenen wirklich das Beste für sie wollen. In Teams ist es nicht grundsätzlich anders. Wo die Ziele klar sind, von allen geteilt und begeistert befürwortet werden, da gilt einer meiner Lieblingssätze: »In Kritik steckt Musik!« Wenn am Ende alles stimmen soll, dann ist es richtig und wichtig, Kritik zu üben und Konflikte auszutragen. Teams, die eine Scheinharmonie kultivieren, halten das nur so lange durch, bis sich irgendwann Unzufriedenheit und Lethargie breitmachen.

> »It's been a bad day
> Please don't take a picture«
> R. E. M. »Bad Day«

Feedbackkultur – wie ist so etwas überhaupt möglich?

Wenn ein Orchester einen schlechten Tag hatte und eine Aufführung nicht so gut gelungen ist wie gewohnt, dann wissen das die Musiker selbst 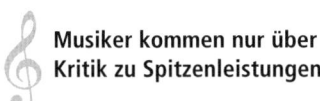 **Musiker kommen nur über Kritik zu Spitzenleistungen.**
am besten. In der Regel wird in einem Orchester auch offen darüber gesprochen. Musiker sind es gewohnt, kritisches Feedback zu erhalten. Nur so haben sie ihr Instrument überhaupt erlernen können. Musiklehrer hören jeden falschen Ton und unterbrechen einen Schüler gnadenlos. Dann wird korrigiert und noch mal gespielt und wieder korrigiert und so weiter. Jede Orchesterprobe ist nichts anderes als eine einzige Feedbackrunde. Proben bestehen hauptsächlich aus Kritik. Was auf Anhieb passt, damit halten sich Dirigenten und Orchester nicht lange auf. Die Proben sind nicht dazu da, sich gegenseitig Lob zu spenden, sondern sich in den kritischen Punkten abzustimmen.

Über Feedbackkultur wird heute viel geredet und geschrieben. In meinen Augen haben Organisationen dann eine produktive Feedbackkultur 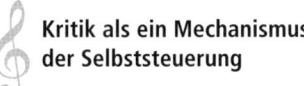 **Kritik als ein Mechanismus der Selbststeuerung**
entwickelt, wenn sie mit Kritik ähnlich umgehen wie ein Orchester: Kritik ist in einer Feedbackkultur selbstverständlicher Bestandteil jedes Abstimmungsprozesses. Sie führt nicht zu persönlichen Verletzun-

gen, sondern zu gemeinsamen Fortschritten. Wo Vertrauen herrscht und jegliche Angst vor Feedback verschwunden ist, da ist Kritik ein Mechanismus der Selbststeuerung im Team. Genau wie ein Orchester weiß auch jedes eingespielte Team intuitiv, wann die Leistung mal nicht stimmt. Ein Team, das Musik macht, geht offen damit um und nimmt die notwendigen Korrekturen vor, ohne dass sich schlechte Stimmung ausbreitet.

Im Grunde wissen es doch alle: Niemand ist auf Anhieb perfekt, Rückschläge gehören zum Leben dazu und aus Fehlern kann man lernen. In unzähligen Büchern, auf Motivationsveranstaltungen sowie in Trainings und Coachings wird dieses Thema immer wieder durchgekaut. Auch sind die Spielregeln für konstruktives Feedback ja längst bekannt: Ich-Botschaften statt Du-Botschaften, aufbauende Formulierungen, neben der Kritik auch loben und so weiter. Warum fällt es vielen in der Praxis trotzdem so schwer, Kritik zu äußern und anzunehmen? Wieso scheint Kritik nach wie vor der Gute-Laune-Killer Nummer eins in Teams zu sein? Und warum wird immer noch so vieles persönlich genommen, was sachlich gemeint war?

Vertrauen und Zielklarheit machen offene Kritik möglich.  Oft fehlt es schlicht und ergreifend an Vertrauen – und meistens auch an Klarheit über Ziele und Erwartungen. Beides hängt eng miteinander zusammen. In unserem Dorf Stramproy herrscht ein starker Zusammenhalt unter den Menschen. Das ist einer der Gründe, warum ich hier so gerne lebe. Als den Dorfbewohnern 2005 klar wurde, dass sie ein Jahr Zeit hatten, um das denkwürdigste Schützenfest in der Geschichte Limburgs zu organisieren, musste niemand erst mit vertrauensbildenden Maßnahmen beginnen. Das bei unzähligen Begegnungen im Vereinsleben und bei gemeinsamen Festen, aber auch in der Nachbarschaftshilfe und auf Trauerfeiern gewachsene Vertrauen war einfach da und konnte genutzt werden.

»Can't we sit together and figure whether
This is the right thing to do?«
Bing Crosby »Can't we talk it over?«

In Teams, die sich regelmäßig austauschen und viel miteinander reden, ist Vertrauen selbstverständlich da.  **Vertrauen wächst, wo es Zeit zum Austausch gibt.** Bei »Cat Consultants« nahmen wir uns jeden Freitag stundenlang Zeit, um uns auszutauschen und einander zu berichten, was wir Montag bis Donnerstag in den Trainings bei unseren Kunden erlebt hatten. Wir sprachen über unsere Erfolge genauso wie über Rückschläge und peinliche Pannen. Wir hätten die Freitage auch locker als weitere Trainingstage verkaufen und noch mehr Geld verdienen können. Aber das wollten wir nicht. Uns war klar, dass Vertrauen im Team uns stark und erfolgreich machen würde. Und dieses Vertrauen brauchte Zeit zu wachsen – in vielen regelmäßigen Gesprächen und durch Einander-Zuhören und Sich-Abstimmen.

Im vorherigen Kapitel haben Sie von den Einzahlungen auf das »Beziehungskonto« gelesen, die laut Stephen Covey eine »Vertrauensreserve« aufbauen. Erwähnenswert sind im Hinblick auf eine Feedbackkultur insbesondere noch einmal diese drei Punkte: Zusagen einhalten, Erwartungen klären und jeden nach denselben Prinzipien behandeln. Ein Teamleader, der groß propagiert, dass man in seinem Team jederzeit Fehler machen und daraus lernen darf, dann aber beim kleinsten Missgeschick ausrastet wie der legendäre Dirigent und Choleriker Arturo Toscanini (1867–1957) bei den Proben, wird wenig Vertrauen ernten. Die Amerikaner haben hier als Ratschlag den schönen Spruch »walk your talk« – gehe den Weg, den du propagierst, auch selbst.

Wo alle begeistert ein klares Ziel verfolgen, ist es nun offenbar gar nicht so schwierig, einander zu vertrauen.  **Jeder Wimbledonsieger hat öfter verloren als gewonnen.** Das Beispiel des Schützenfestes hat Ihnen das vielleicht gezeigt. Alle sind stolz auf ihr Dorf und wollen sich an diesem Tag von der besten Seite präsentieren. Da lassen sie sich auch gern von einem Dorfbewohner und Angestellten der Lebensmittelaufsicht sagen, dass ihre Fischbrötchen zum Verkauf noch nicht okay sind. Auch das Beispiel des Orchesters zeigt es. Jeder Berufsmusiker hat sich jahrelang unglaublich viel Kritik angehört – aber geduldig, weil er das Ziel, es auf seinem Instrument zur Meisterschaft zu bringen, nie aus den Augen verloren hat. Ein weiteres Beispiel ist der Spitzensport. Jeder Tennisspieler, der Nummer eins der Weltrangliste ist, hat in seinem Leben mehr Matches verloren als gewonnen. Überlegen Sie ruhig einen Moment – es stimmt! Genau wie ein Weltfußballer und Stürmerstar wie Ronaldo oder Messi während seiner Karriere wesentlich öfter am Tor vorbeigeschossen hat, als zu treffen.

Das alles sind Beispiele für klare Ziele und hohe Motivation, die es erlauben, Fehler zu machen, einander zu kritisieren und aus Kritik zu lernen. Doch welche Ziele sind eigentlich die »klaren« Ziele? Hier versteckt sich eine weitere Bremse für eine Kultur offener, konstruktiver Kritik in Teams. Manchmal sind die ganz großen Ziele klar, aber die »smarten« Zwischenziele sind aus dem Blick geraten. Dann gilt es, das Team wieder auf die Ziele einzuschwören, die spezifisch, messbar, akzeptiert, realistisch und terminierbar – eben SMART – auf das große Ziel hinführen. Begleitend sollten die zielorientierten Absprachen intensiviert werden.

SO SIND SIE IM TAKT

Wenn Ihr Team Schwierigkeiten hat, Kritik offen zu äußern und gerne anzunehmen, dann arbeiten Sie auf der Ebene der Ziele und Erwartungen: Sind die unmittelbaren Ziele noch klar? Bekommt jeder alles, um diese zu erreichen? Ist genug »Vertrauensreserve« auf dem »Beziehungskonto«?

Immer den nächsten Schritt im Blick  Wenn Fußballer von Mannschaften, die mitten in der Saison an der Tabellenspitze stehen, von Reportern auf das Thema Meisterschaft angesprochen werden, geben sie fast immer dieselbe Antwort: »Wir konzentrieren uns nur auf das nächste Spiel.« Klar, das ist die Parole, die der Trainer für alle ausgegeben hat. Und damit macht der Trainer alles richtig. Das große Ziel »Meisterschaft« ist für ein Spitzenteam ohnehin klar. Es ist aber zu weit weg, um jede Woche beim Training maximale Motivation zu zeigen. Wichtig ist die Konzentration auf das nächste Zwischenziel.

Am nächsten Ziel sollte sich dann auch die Kritik orientieren. Fragt ein Trainer einen Fußballspieler: »Willst du so etwa Meister werden?«, klingt

Situationsgerechte Kritik statt Pauschalurteil

das natürlich schnell persönlich verletzend. Der Spieler fühlt sich in seiner Fähigkeit, große Ziele zu erreichen, infrage gestellt. Fragt der Trainer aber: »Willst du in dieser Form am Wochenende gegen den Tabellenzweiten spielen?«, dann wird der Spieler leichter antworten: »Okay, meine Verfassung ist nicht top. Was können wir daran ändern?« In Unternehmen ist das ganz genauso. Sagt jemand zu einem Kollegen: »Mit deinem Input kann ich niemals bis morgen eine Präsentation erstellen«, so ist das natürlich konkreter – weil auf ein »smartes« Zwischenziel bezogen – als eine Aussage nach dem Muster »Wie sollen wir mit solchen Beiträgen von dir jemals 20 Prozent mehr Umsatz machen?«.

Fazit: Ja, eine Kultur offenen, kritischen Feedbacks, mit denen sich Teams selbst steuern, ist möglich. Es genügt aber nicht, zu wissen, dass Kritik nichts Schlechtes ist und Fehler erlaubt sein sollten. Sondern es ist nötig, durch regelmäßige Einzahlungen auf das »Beziehungskonto« mit den anderen Teammitgliedern auch das nötige Vertrauen aufzubauen. Der Austausch unter den Teammitgliedern sollte regelmäßig sein und sich keinesfalls auf Kritik beschränken. Und alle müssen auf die jeweils nächsten Ziele schauen. Sobald diese Voraussetzungen erfüllt sind, ist das Team jedoch nicht automatisch kritikfähig. Denn wir alle hinterfragen zu selten den Maßstab unserer Kritik. Unbewusst messen wir die anderen oft an uns selbst. Dann ist Kritik aber nur Lärm statt Musik.

»Was bist du nur für eine blöde Trommel«, sprach die Trommel zur Geige. »Du hast nicht einmal ein anständiges Fell. Und wenn man dich schlägt, klingst du dumpf, hohl und hölzern.« Gekränkt ging die Geige zur Harfe. »Was bist du nur für eine schlechte Geige«, sagte die Geige zur Harfe. »Wie soll man bei deinen vielen Saiten irgendwo noch den Bogen ansetzen, um dich zu streichen?« Entrüstet ging die Harfe zum Klavier. »Was bist du nur für eine jämmerliche Harfe«, sagte die Harfe zum Klavier. »Bei dir muss man erst einen Deckel aufmachen, um an die Saiten zu kommen. Und sich dann beim Spielen

ständig bücken.« Das Klavier schaute die Harfe verständnisvoll an und sagte dann: »Wenn ich eine Harfe wäre, hättest du recht. Aber ich bin ein Klavier.«

Die Maßstäbe der Kritik: Bitte auf Geigen nicht trommeln!

Der andere ist nie eine schlechte Kopie von uns selbst.  Kritik führt immer dann zu Missklängen, wenn wir den anderen im Team wie eine schlechte Kopie von uns selbst behandeln. Jeder von uns hat eine bestimmte Art, seine Arbeit zu erledigen. Solange wir nicht darüber reflektieren, halten wir unsere eigene Herangehensweise meistens für die beste. Wenn ein Kollege uns um Rat fragt, erklären wir ihm die Dinge so, wie wir sie selbst gewohnt sind. Wir überlegen selten, ob der Kollege es vielleicht besser anders probieren sollte, weil er auch sonst die meisten Dinge anders macht. Das Orchestermodell mit seinen acht Teamrollen kann helfen, jeden in seiner charakteristischen Arbeitsweise zu verstehen und kritisches Feedback darauf abzustimmen. Viel Kritik erledigt sich sogar von selbst, sobald alle im Team verstanden haben: Die anderen machen es zwar anders als ich, aber nicht schlechter.

Angenommen, der Chef einer Agentur ist ein ausgeprägter Bass. Er sitzt jeden Morgen schon um 7.00 Uhr am Schreibtisch und ist insgeheim auch stolz darauf. Einer seiner Mitarbeiter, eine typische Gitarre, kommt immer erst um kurz vor 10.00 Uhr in die Firma und schleppt sich dann erst einmal zum Kaffeeautomaten. Als sich die Gitarre am ersten heißen Sommertag des Jahres schon um kurz vor 17.00 Uhr wieder aufs Fahrrad schwingt, um noch zu einem Badesee zu fahren, beginnen die Gedanken im Kopf des Chefs zu kreisen: »Kommt schon immer so spät und geht jetzt auch noch so früh. Wo soll das enden?« Schon misst der Chef nach seinem eigenen Maßstab! Er sieht in der Gitarre einen schlechten Bass.

Bei der Lieblingstugend des Chefs, dem Fleiß, wird die Mitarbeiter-Gitarre jedoch niemals mithalten können. Ein im Hinblick auf die Teamrollen reflektierender Chef wird sich deshalb jetzt verkneifen, die Gitarre auf ihre Arbeitszeiten anzusprechen. Er wird sich vielmehr nach ihren Ergebnissen erkundigen. Der Bass-Chef fragt die Gitarre am besten nach ihren neuesten Ideen. Vielleicht sind diese ja genial. Und vielleicht sind die besten davon sogar abends am Badesee entstanden. Der Bass wird sich erinnern, dass er die Gitarre als Ergänzung in seinem Team dringend braucht. Denn wenn alle so wären wie er, dann gäbe es in der Firma zwar viel Einsatzbereitschaft, aber bald keine Innovationen mehr.

> »Your opinion is irrelevant
> I was built to be magnificent«
> Take That »Happy Now«

In Meredith Belbins Buch »Management Teams: Why they succeed or fail« findet sich eine Fallstudie von einem großen Energieversorger im 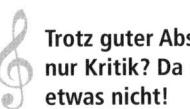 **Trotz guter Absichten nur Kritik? Da stimmt etwas nicht!** Nordwesten Englands. Sheila und Alan arbeiteten dort in der Abteilung Marketing und Vertrieb. Sheila war die Abteilungsleiterin, während Alan als Marketingverantwortlicher an sie berichtete. Bis ein Coach ihnen half, ihre Konflikte konstruktiv zu lösen, machten sie sich ständig gegenseitig Vorwürfe und überzogen einander mit destruktiver Kritik. Dabei hatte Sheila mit Alan ganz bewusst einen Marketer ins Managementteam holen wollen, der von außen kam und nicht die typische »Konzerndenke« besaß. So viel zu Sheilas guten Vorsätzen. Im Alltag kam sie mit Alan bald überhaupt nicht mehr klar.

Alan war ein effektiver Manager, hatte ausgefallene Ideen für das Marketing, war zudem ein guter Netzwerker und kam mit Kunden und potenziellen Kunden menschlich sehr gut klar. Er legte allerdings auch großen Wert auf Freiheit und Nonkonformismus. Weil er die Dinge immer auf seine Art machen wollte, hielt Sheila ihn für einen rücksichtslosen Macho. Sheila wiederum musste an den Vorstand berichten. Ihr Chef war detailversessen und wollte in jedem Report alle

Fakten sehen. Sheila legte großen Wert darauf, absolut »korrekte« Berichte an ihren Chef weiterzuleiten. Schreiben mussten die Berichte jedoch Alan als Marketingmanager sowie sein Kollege, der Vertriebsmanager.

Ein Coaching kann helfen, die Stärken des anderen zu erkennen.  Alan interessierte sich überhaupt nicht für Details. Seine Berichte gaben dafür umso deutlicher seine persönliche Meinung wieder. Sheila schrieb deshalb jeden dieser Berichte um, fügte zahllose Details hinzu und beschwerte sich anschließend bei Alan über die zusätzliche Arbeit, die sie jedes Mal mit seinen »schlampigen« Berichten hätte. Alan wiederum war sauer, dass Sheila jeden seiner Berichte umformulierte, und beschimpfte sie als »Kontrollfreak«. Irgendwann reichte es Sheila, und sie wäre Alan am liebsten wieder losgeworden. Zum Glück entschied sie sich stattdessen für ein Coaching, in dem sich die beiden Manager besser kennen und verstehen lernten.

Sheila war Horn, Harfe und Trommel. Alan dagegen war Trommel, Gitarre und Trompete. Mit ihrem Horn-Perfektionismus verlangte Sheila von Alan »korrekte« Berichte. Und als Harfe konnte sie darin nicht genug Zahlen, Daten und Fakten bekommen. Alan breitete aber viel lieber in einer eigenwilligen Sprache seine Gitarrenideen aus. Als Trompete fand er Berichte generell eher überflüssig, und die Details langweilten ihn erst recht. Da Sheila und Alan beide Trommeln waren, stritten sie sich heftig und ohne jede Bereitschaft einzulenken.

Plötzlich ergänzen sich die Streithähne. Das Verhältnis zwischen Sheila und Alan besserte sich schlagartig, als sie aufhörten, vom jeweils anderen dasselbe zu erwarten wie von sich selbst. Sheila nahm Alans herausragende Gitarren- und Trompetenqualitäten erstmals deutlich wahr und bestärkte ihn jetzt sogar darin. Sie lobte ihn von nun an mehr für gute Ideen, als ihn für fehlende Zahlen zu kritisieren. Alan wiederum sah ein, dass Sheila seine Berichte nicht aus Boshaftigkeit um Fakten ergänzte, sondern weil diese tatsächlich fehlten. Ein paar Monate später hatte der Energieversorger zwei Topmanager, die sich wunderbar ergänzten.

Sobald alle im Team aufhören, die anderen als schlechte Kopie von sich selbst zu behandeln, kann Kritik wirklich zu Musik werden. Eine Gei- **Mit Kritik die Stärken des anderen fördern** ge im Vertrieb wird niemals so fleißig sein wie ein Bass. Eine Trommel am Vorstandstisch könnte dem Klavier gegenüber ewig vorwerfen, es sei einfach zu langsam. Und eine Harfe wird im Zweifel immer wissen, warum die Idee einer Gitarre aus der Produktentwicklung entweder nicht machbar oder zu teuer ist. Alle diese Formen von Kritik führen jedoch nicht weiter. Wer sie hinter sich lässt, kann mit konstruktiver Kritik dort ansetzen, wo die anderen die Chance haben, sich zu Virtuosen zu entwickeln.

Dann wird etwa der Bass die Geige auffordern, einem Kollegen mehr zu helfen. Die Trommel wird das Klavier bitten, das Team öfter an die gemeinsamen Ziele zu erinnern. Und die Harfe wird von der Gitarre einfach noch mehr Einfälle haben wollen, damit irgendwann eine umsetzbare Idee dabei ist. Alle acht Teamrollen sind anders. Aber alle acht Teamrollen sind auch geeignet, ein Team weiterzubringen. Wer sich in seiner Rolle anerkannt und wertgeschätzt fühlt, der verträgt Kritik unvergleichlich besser, als wenn er ständig um Anerkennung kämpfen muss. Wer als Teamleader die Teamrollen so gut kennt, dass sie wie acht Brillen sind, die er aufsetzen kann, um die Dinge mit den Augen eines anderen zu sehen, der kann unproduktive Konflikte weitgehend eliminieren und sich auf die produktiven Konflikte konzentrieren.

Der Chef ist nicht das Maß aller Dinge.  Leider ist es heute oft noch so, dass Verantwortliche nur an sich selbst Maß nehmen, wenn sie Entscheidungen für alle treffen sollen. Das fängt schon bei Äußerlichkeiten an. Ein Trommel-Chef, der gerne im Großraumbüro arbeitet, packt sein gesamtes Team in ein riesiges, offenes Loft. Eine introvertierte Gitarre wird hier schier wahnsinnig, weil sie keinerlei Rückzugsmöglichkeit mehr hat. Sie muss ständig gegen Stress ankämpfen, statt produktiv arbeiten zu können. Anderes Beispiel: Ein Harfen-Chef bestellt beim Autohändler seines Vertrauens Volvo-Kombis als Dienstwagen für sämtliche Außendienstmitarbeiter. Doch mit wie viel mehr Motivation führe vielleicht ein Trommel-Vertreter mit einem gleich teuren Sportcoupé zu seinen Kunden?

Neue Herausforderungen in der Arbeitswelt  Lassen sich solche Kleinigkeiten noch gut korrigieren, so wird es bei größeren Umwälzungen des Arbeitslebens schon schwieriger. In Holland wird unter dem Schlagwort »Het Nieuwe Werken« (das neue Arbeiten) seit einigen Jahren versucht, Arbeitnehmern verstärkt Arbeit im Home-Office zu ermöglichen. Scheinbar die perfekte Lösung für die Vereinbarkeit von Familie und Beruf und die Work-Life-Balance. Harfen sowie introvertierte Gitarren und Bässe fühlen sich im Home-Office auch tatsächlich wohl. Für Trompeten und Geigen kann es aber die Hölle sein. Sie brauchen Menschen um sich herum. Wir werden also noch einiges lernen müssen, wenn wir eine moderne Arbeitswelt schaffen wollen, die sowohl hochproduktiv ist als auch dem Individuum mehr als früher gerecht wird.

Konflikte als Motor für positive Entwicklung

> »Life is a rollercoaster
> Just gotta ride it«
> Ronan Keating »Life Is a Rollercoaster«

Wer geht schon gerne zu Ben ins Büro? Den langen Gang entlang bis vor die schwere Tür. Dann vorsichtig klopfen. Wehe, man stört ihn jetzt gerade! Das könnte unangenehme Folgen haben. Schließlich gehört Ben die ganze Firma hier. Ist es wirklich unvermeidlich, mit Ben zu sprechen? Wahrscheinlich hört er doch wieder nicht zu und doziert nur seine Meinung. Echt dumm, dass Wim heute nicht da ist. Mit ihm gibt es zwar ständig Streit, aber später ist alles wieder okay. Und er sitzt mitten im Großraumbüro, obwohl er genauso Chef ist wie Ben. Jeder kann ihn jederzeit ansprechen.

Ben und Wim, die beiden ungleichen Manager, gibt es wirklich. Als ich sie vor einigen Jahren kennenlernte, standen sie gemeinsam an der  **Eine Firma, in der ein Klima der Angst herrschte** Spitze einer Firma für Baumaschinen in einem Vorort von Den Haag. Ben war Ende 50 und der Inhaber. Er hatte die Firma von seinem Vater geerbt, der sie in den 1920er-Jahren gegründet hatte. Das Unternehmen war seit Jahren sehr erfolgreich. Als Unternehmer war Ben genauso stark Harfe wie Trommel. Er setzte seine Denkkraft energisch ein, zeigte so wenig Emotionen wie möglich und orientierte sich an Prinzipien, die er für unumstößlich hielt. Eines dieser Prinzipien hieß: »Teile und herrsche.« Ja, Ben war tatsächlich ein kleiner Machiavelli. Er spielte seine Mitarbeiter gern gegeneinander aus, um die Macht zu behalten. Dabei gab er sich unnahbar und verschanzte sich hinter der verschlossenen Tür seines repräsentativen Büros.

Im Großraumbüro, mitten unter den einfachen Mitarbeitern, saß Wim, der angestellte Geschäftsführer. Wim war Trommel und Klavier, ein echter Willensmensch also. Als Wim mit seinem Fachschulstudium gerade fertig gewesen war, hatte ihn Ben in die Firma geholt. Ben hatte erkannt, dass dieser fähige junge Mann seiner Firma nützlich sein würde. Seitdem sorgte Wim dafür, dass das Tagesgeschäft lief. Die Trommel namens Wim ging keinem Konflikt aus dem Weg. Anders als Ben ging es ihm dabei aber nicht um seine persönliche Macht, sondern er stand einfach immer unter Strom. Und dank seiner Klaviereigenschaften behielt er das gesamte Team im Auge.

Negative, destruktive Kritik führt niemals weiter.  Bei der ersten Trainingseinheit für die Servicemitarbeiter von Ben und Wim tauchte ich in ein Klima der Angst ein. Die Mitarbeiter schienen ständig in Lauerstellung zu sein: Was kommt als Nächstes? Sie erwarteten nichts Gutes. Angesichts ihres Misstrauens und ihrer defensiven Haltung war es gar kein Wunder, dass es in dieser Firma Probleme gab. Die Kundenorientierung war schlecht, es gab viele Beschwerden, auf die wiederum nur träge reagiert wurde. Die Mitarbeiter der drei Abteilungen Technik, Verkauf und Finanzen hörten einander nicht zu und begegneten sich gegenseitig mit Misstrauen. Es wurde viel Kritik geäußert, jedoch nur in ihrer harten, negativen und destruktiven Form. Diese Firma war zwar nach außen (noch) erfolgreich, schien sich aber im Inneren wie in einer Angststarre zu befinden. Was würde die Leute hier wieder lebendiger machen?

Was würde allen Spaß machen?  Wir begannen Workshops mit gemischten Gruppen aus allen Abteilungen. Die Mitarbeiter wurden zunächst ermutigt, so offen und drastisch wie möglich auszusprechen, was sie von der gegenwärtigen Situation hielten. Nachdem sie alle Dampf abgelassen hatten, sollten sie im zweiten Schritt definieren, wie ein Unternehmen aussehen müsste, das ihnen und ihren Kunden richtig Spaß machen würde. Einige taten sich zunächst schwer mit dieser Aufgabe. Als wir nicht lockerließen, zeigte sich aber, dass es neben viel Angst und Wut auch eine Menge Ideen, Wünsche und Zukunftsvisionen gab. Die Mitarbeiter begannen, ein eigenes, positives Zielbild zu entwickeln.

Natürlich konnten sie die Rechnung nicht ohne 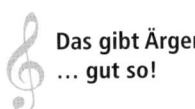 Ben und Wim machen. Wird das nicht einen Riesenärger geben, wenn die Mitarbeiter auf einmal eigene Vorstellungen entwickeln? Ja, genau, das gibt Ärger. Aber das ist gar nicht schlimm. Das ist gewissermaßen sogar der Plan! Deshalb schulten wir gleichzeitig sämtliche Mitarbeiter, einschließlich der beiden Chefs, darin, ihre Teamrollen und die Rollen der anderen zu erkennen und die typischen Reaktionsmuster zu durchschauen. Ben war das alles egal. Für ihn war die Firma eine Geldmaschine, mehr nicht. Alles, was mehr Umsatz und Ertrag bringen würde, sollte ihm recht sein.

SO SIND SIE IM TAKT

Umarmen Sie Konflikte, wo sie auftauchen, und suchen Sie nach der Wahrheit und der Entwicklungsmöglichkeit dahinter. Verabschieden Sie sich von der Vorstellung, dass es im Team umso besser läuft, je weniger Konflikte es gibt.

Wim hatte zu diesem Zeitpunkt von Ben längst  freie Hand bekommen. Er hatte zu Ben gesagt: »Ich mache das hier, und du lässt mich machen.« Ben war einverstanden gewesen. Er zog sich in der Folgezeit noch mehr zurück und wunderte sich nur ab und zu. Nach etwa einem Jahr kam er einmal zu mir und bemerkte in seinem trockenen Tonfall: »Schon komisch, dass das klappt, was du hier machst, Richard.« Ich antwortete: »Ja, schon komisch.« Dann ging er zurück in sein Büro. Wim dagegen hatte jetzt die ganze Zeit Streit mit seinen Mitarbeitern. Als Trommel fand er das herrlich! Die Mitarbeiter ließen sich aber nicht mehr niedertrommeln, denn sie hatten ihre Angst überwunden, neues Selbstvertrauen gefunden und eine gemeinsame Vision für die Zukunft entwickelt. Der Streit war jetzt produktiv.

Mehr Streit kann einem Team guttun.  Es kann zu den Erfolgen eines positiven Veränderungsprozesses zählen, wenn es in einer Firma mehr Streit gibt als vorher. Sind Sie darüber noch überrascht? Dann machen Sie sich klar, dass nicht der destruktive Streit in einem Klima der Angst gemeint ist, sondern der produktive Streit um den besten Weg zum Ziel. In der Firma von Ben und Wim gab es in den Kundenprojekten am Ende viel mehr Streit als früher. Aber dieser Streit führte auch zu Ergebnissen, und die Projekte liefen viel besser. Gleichzeitig zahlten alle auf das Beziehungskonto mit den anderen ein. Streit ist also nichts Schlechtes, ja er kann manchmal sogar das sein, was ein Team dringend braucht. Wo es ohne Streit gelingt, sich aufeinander abzustimmen, ist das ja schön. Ich kenne allerdings kein Spitzenorchester, in dem es noch nie Streit gegeben hätte.

DA CAPO

♫ Wo Vertrauen herrscht und nicht nur die großen Ziele, sondern auch die Zwischenziele klar sind, kann Kritik offen geäußert werden und produktiv sein.

♫ Vieles, was Teammitglieder an anderen kritisieren, erledigt sich von allein, sobald alle aufhören, andere als schlechte Kopie von sich selbst zu betrachten, und stattdessen deren individuellen Beitrag wertschätzen.

♫ Konflikte sind nicht nur unvermeidbar, sondern begrüßenswert und produktiv, sofern sie fair ausgetragen werden. Wo Selbstsicherheit an die Stelle von Angst tritt, ist das jederzeit möglich.

TEIL III:

SPIELT ZUSAMMEN!

»We could play together, climbing the apple tree
Yes, there was me and Bobby and Bobby's brother
Please take me back to that place
Where I've got all my memories, those were my happiest days«

ABBA »Me and Bobby and Bobby's Brother«

WAS SIE ALS FÜHRUNGSKRAFT
IHREM TEAM SCHULDEN

> »They just want to be the leader
> In the house of the rising sun«
> Bob Marley »Crisis«

Wollen wir zusammen musizieren? Unsere Augen begannen sofort zu leuchten, als dieser Vorschlag kam. Und die Partygäste waren erst recht begeistert, sie johlten und klatschten und feuerten uns an. Das Wohnzimmer in Francks Haus ist viel zu klein für eine Band? Egal, Hauptsache für Edwin steht hier das Schlagzeug. Rogier stellt sich mit seiner Bassgitarre einfach in den Türrahmen. Geert baut sein Keyboard draußen im Garten auf. Und Franck stellt sich mit der Gitarre daneben. Was wollt ihr hören, Leute? … Okay, kennt jemand den Song? Ja, Geert spielt die Melodie an. Wir hören konzentriert zu. Dann stimmen Franck, Edwin, Rogier, Geert und ich uns ab. Und dann spielen und singen wir zusammen wie die glücklichsten Menschen auf der Welt …

Das war einer der coolsten Geburtstagsjams, an die ich mich erinnern kann. Franck van der Heijden hatte uns alle in sein Haus in der Nähe von Utrecht eingeladen. Ich habe Franck kennengelernt, als er gerade vom Konservatorium kam. Heute arbeitet der Arrangeur und Komponist als musikalischer Direktor für den Weltstar David Garrett. An diesem Abend hatten wir und drei weitere Freunde ganz spontan die Idee, gemeinsam zu spielen. Es war verrückt: Wir waren so im Haus und im Garten verteilt, dass wir uns während des Spielens gar nicht sehen konnten! Trotzdem spielten wir auf Zuruf Songs, die wir nie miteinander geprobt hatten, ja die zum Teil nicht einmal jeder von uns kannte. Wie wir das geschafft haben? Klar: erst zuhören, dann

 **Wenn die Chemie stimmt und alle die Zeit vergessen**

sich aufeinander abstimmen und schließlich zusammenspielen – wie immer in der Musik. Aber da war noch etwas anderes: Zwischen uns stimmte einfach die Chemie. Wir hatten miteinander Spaß, waren im Einklang, gönnten jedem sein Solo, wollten gemeinsam nichts als diesen Moment auskosten.

Kennen Sie solche Momente auch? Ich bin mir da ganz sicher! Wir alle haben als Kind Augenblicke erlebt, bei denen wir im Zusammenspiel mit anderen Kindern die Zeit vergessen haben und einfach glücklich waren. Als Kinder suchen wir uns unsere Spielkameraden allein nach dem Bauchgefühl aus und sorgen ganz automatisch dafür, dass in unserer Gruppe die Chemie stimmt. In einem Song von ABBA heißt es über dieses unbeschwerte Spielen in der Kindheit: »Please take me back to that place ... those were my happiest days.« Doch warum kennen so viele Menschen dieses Zusammenspiel, bei dem alle Beteiligten die Zeit vergessen, nur noch als schöne Kindheitserinnerung? Hat das mit unserem alltäglichen Leben als Erwachsene wirklich nichts mehr zu tun?

Auch Teams können einen »Flow« erleben. 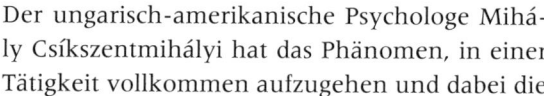 Der ungarisch-amerikanische Psychologe Mihály Csíkszentmihályi hat das Phänomen, in einer Tätigkeit vollkommen aufzugehen und dabei die Zeit zu vergessen, mit dem englischen Wort »Flow« bezeichnet. Dieser Begriff wurde daraufhin weltweit bekannt und findet sich heute in zahllosen Büchern. An Extremsportlern studierte Csíkszentmihályi, wie diese bei ihrem Sport innerlich in den »Fluss« kommen und in eine Dimension jenseits der alltäglichen Zeiterfahrung einzutauchen scheinen. Viel spannender als die Möglichkeit, sich als Individuum Flow-Erlebnisse zu verschaffen, finde ich jedoch Teams, die gemeinsam im Flow sind.

Immer wieder habe ich die Bestätigung dafür gefunden, dass diese Erfahrung eben nicht auf spielende Kinder beschränkt sein muss. Einmal mehr machen Musiker vor, wie es geht: Wenn eine Band, ein Chor oder ein Orchester von ganzem Herzen musiziert und jeder dabei seine größten Talente einbringt, dann kommen alle gemeinsam in einen Flow. Erinnern Sie sich an die verrückte Aktionswoche bei der

Bekleidungskette »Set Point«, von der ich Ihnen ganz am Anfang des Buchs erzählt habe? Hier waren Mitarbeiter einer ganz »normalen« Firma gemeinsam im Flow. Nachts um zwei im Warenlager spielten sie begeistert zusammen wie eine Band bei der dritten Zugabe.

Warum schreibe ich das zu Beginn eines Kapitels zum Thema Führung? Ganz einfach: Ich bin davon überzeugt, dass Führungskräfte ihren **Führungskräfte schulden Mitarbeitern die Chance auf »Flow«.** Mitarbeitern die Chance schulden, gemeinsam in einen solchen Flow zu kommen. Früher glaubten nicht wenige Führungskräfte, ihre Mitarbeiter schuldeten *ihnen* etwas. Gefolgschaft zum Beispiel. Oder besondere Leistungen. Es ist jedoch genau umgekehrt: Führungskräfte schulden ihrem Team, dass alle Teammitglieder ihre Talente entfalten, Wertschätzung erfahren und einen Flow erleben können.

> »Baby, it's a new age, you like my new craze
> Let's get together, maybe we can start an new phase«
> Milow »Ayo Technology« (Original von 50 Cent)

Ein neues Verständnis von Führung setzt sich durch

Als Meredith Belbin Ende der 1960er-Jahre mit seiner Forschung zu Managementteams begann, begegnete ihm überall noch ein sehr traditio-  **Erst zählte Alter, dann Bildung, dann Coolness.** nelles Verständnis von Führung. Führungsansprüche waren seit den ältesten Stammeskulturen bis in die jüngste Zeit eng mit dem Lebensalter verknüpft. In seinem Buch »Team Roles at Work« bringt Belbin das Beispiel eines Restaurants der gehobenen Kategorie: Dort hatte früher nach einem ungeschriebenen Gesetz der Oberkellner stets älter zu sein als ein gewöhnlicher Kellner, der wiederum älter war als der Hilfskellner. Neben dem Lebensalter war seit dem Höhepunkt der Industrialisierung der Bildungsgrad eine wesentliche Voraussetzung für Führungsverantwortung. Noch bis in die 1970er-Jahre hinein kamen »Akademiker« automatisch auf Chefsessel, ganz unabhängig von ihren individuellen Fähigkeiten. In Frankreich ist es bis heute oft so, dass Führungsposten unter den Absolventen der Elitehochschulen (»Grandes Écoles«) aufgeteilt werden.

Während der letzten Jahre wurden viele dieser alten Prinzipien auf den Kopf gestellt. »In den aufstrebenden Industrien«, schreibt Belbin, »werden statt Lebensalter und Erfahrung nun Jugendlichkeit, Durchsetzungsvermögen und neueste Qualifikationen verlangt. Wer diesen Ansprüchen nicht genügen kann, dessen Aussichten sind trübe.« Die starke Betonung von Leistung und individuellem Erfolg während der vergangenen drei Jahrzehnte führte auch zu einem neuen Leitbild unter Führungskräften. Junge Absolventen orientierten sich an »Superhelden« im Management. Sie lasen die Bücher von Jack Welsh, verfolgten die Abenteuer von Richard Branson und bewunderten im Kino Michael Douglas als Gordon Gekko in »Wall Street«.

Am stärksten ist, wer sein Team stark macht.  Die Teamforschung von Meredith Belbin am Henley Management College zeigte während dieser ganzen Zeit immer wieder das Gleiche: Die besten Ergebnisse erzielen weder die ältesten oder die gebildetsten noch die aggressivsten oder die heldenhaftesten Führungskräfte. Es kann sein, dass Manager mit solchen Eigenschaften Erfolg haben. Es gibt jedoch ebenso viele Manager mit diesen Eigenschaften, die nur wenig Erfolg haben oder sogar scheitern. Sogenannte »Apollo-Teams«, die im Hinblick auf Ausbildung und Erfahrung nur aus den besten Köpfen bestanden, scheiterten in Henley sogar auffallend häufig. Sie stritten sich endlos über die perfekte Lösung und wurden viel zu wenig aktiv. Führungskräfte, die selbst nicht auffallend intelligent waren, jedoch ein waches Gespür für die Stärken anderer hatten, erzielten die viel besseren Resultate.

»No need to scream and shout (at each other)
I know we can work it out (every sister every brother)«
Alcazar »Someday«

Führung bedeutet heute nichts anderes, als dem gesamten Team die bestmöglichen gemeinsamen Resultate zu ermöglichen. 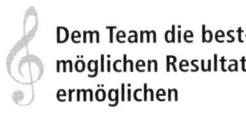 **Dem Team die bestmöglichen Resultate ermöglichen** Dazu müssen sämtliche Teammitglieder diejenigen Rollen einnehmen, die ihren Talenten am besten entsprechen, und sich darin zur Meisterschaft entwickeln. Das gelingt dann besonders leicht, wenn im Alltag eine fröhliche Stimmung herrscht, die jederzeit kritisches Feedback erlaubt. Alle dauerhaft erfolgreichen Führungskräfte, die Belbin beobachtete, hatten eine kooperative Grundeinstellung und waren sehr auf ihr Team bezogen. Allerdings gingen sie im Team auch nicht völlig auf, sondern wahrten eine gewisse Distanz, die ihnen Autorität verlieh. Sie behielten den Überblick, machten dem Team jederzeit klar, was die nächsten Ziele waren, und holten stets Meinungen anderer ein, statt einsame Entscheidungen zu treffen.

Nach meiner Erfahrung ist unmittelbares Feedback das Wichtigste, was Führungskräfte ihren Teammitgliedern im Alltag geben müssen, damit  **Unmittelbares Feedback als entscheidender Schlüssel** sie sich zu Gewinnerteams entwickeln können. Als wir in Francks Haus und Garten Musik machten, konnten wir uns nicht einmal alle direkt sehen. Umso besser hörten wir einander zu und sorgten dafür, dass jeder sofort Feedback bekam. Auch bei vielen Jazzbands hört man auf der Bühne immer mal wieder ein spontanes »Yeah!« – das ist nicht nur Begeisterung, sondern auch positives Feedback. Unmittelbares Feedback gibt es bei Jazzkonzerten oder Pop-Gigs auch vom Publikum, das nach einer besonders intensiven Stelle spontan applaudiert und jubelt.

Auch im Mannschaftssport ist unmittelbares Feedback schon beim Training und erst recht während des Spiels absolut selbstverständlich. Ein Trainer wartet nicht Stunden oder Tage, bis er einem Spieler eine Rückmeldung gibt, sondern ruft sie ihm auf dem Platz sofort zu. Manche Trainer toben und gestikulieren so sehr am Spielfeldrand, dass es für Unbeteiligte so aussehen könnte, als zögen sie eine Show ab. Es geht ihnen aber meistens um unmittelbares Feedback. Und sie äußern es so, dass es auch in 100 Metern Entfernung noch ankommt. Bloß Führungskräfte in Unternehmen warten heute manchmal bis zum »Mitarbeitergespräch«, bis sie überhaupt so etwas wie Feedback geben. Bis dahin sehen die Mitarbeiter ihren Chef nur mit dem Black-Berry in der Hand von Meeting zu Meeting laufen. Solche Führungskräfte bleiben ihren Teams das Wichtigste schuldig.

SO SIND SIE IM TAKT

Geben Sie als Teamleader den Teammitgliedern so oft wie möglich unmittelbares Feedback. Sorgen Sie mit Lob oder Kritik dafür, dass jeder jederzeit weiß, wie gut oder schlecht er gerade spielt.

Sprecht miteinander!  Schon das Wort »Mitarbeitergespräch« ist eigentlich ein Witz, weil es suggeriert, es sei etwas ganz Besonderes, wenn Führungskräfte und Mitarbeiter einmal miteinander sprechen. Führungskräfte schulden ihrem Team, so oft wie möglich mit ihnen zu sprechen und – positives oder kritisches – Feedback zu geben. Mihály Csíkszentmihályi zählt »unmittelbare Rückmeldung« nicht umsonst auch zu den wichtigsten Voraussetzungen, um in einen Flow zu kommen. Bei einem Rallyefahrer kann diese Rückmeldung auch von der Lenkung und vom Fahrwerk kommen. Im Team ist zunächst der Teamleader für Feedback verantwortlich.

Virtuosen geben sich gegenseitig ständig Feedback.  In einem voll entwickelten Team von Virtuosen ist es dann immer mehr so, dass die Teammitglieder sich ständig gegenseitig Feedback geben und somit das Team gewissermaßen selbst steuern. Interessanterweise sind in den letzten Jahren sogar einige klassische Orchester entstanden, die ohne Dirigenten auskommen. Zu den bekanntesten zählen das »Orpheus Chamber Orchestra« aus New York und das »Ensemble Modern« aus Frankfurt. Das »Orpheus Chamber Orchestra« hat laut Wikipedia »eine spezielle teambasierte Struktur und ein Abstimmungsverfahren entwickelt, das als ›Orpheus Process‹ bezeichnet wird. Für jedes Stück werden Konzertmeister und Stimmführer neu festgelegt. Diese Gruppe erarbeitet das Konzept für Interpretation und Proben; bei den abschließenden Proben setzen sich Orchestermitglieder abwechselnd in den Konzertsaal, um Balance, Klangverschmelzung, Dynamik und anderes zu bewerten.« Führung gibt es hier also auch, aber sie ist dezentral und situationsabhängig.

Die neben der unmittelbaren Rückmeldung zweitwichtigste Voraussetzung für ein Flow-Erlebnis ist laut Mihály Csíkszentmihályi die rich- 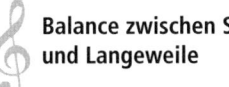 **Balance zwischen Stress und Langeweile** tige Balance zwischen Überforderung und Unterforderung. Auch in diesem Punkt schulden Führungskräfte ihrem Team Unterstützung, solange es noch nicht ausschließlich aus Virtuosen besteht, die diese Balance immer selbst treffen. Ein Mitarbeiter, der sich aufgrund von Angst, Stress oder extremen Erwartungen überfordert fühlt, benötigt Hilfe und Entlastung. Auf der anderen Seite haben Teammitglieder, die ihr volles Potenzial nicht einsetzen, ein Recht auf Ansporn oder sogar auf neue Aufgaben.

Jetzt fragen sich einige Leser vielleicht: Gibt es in Organisationen überhaupt Führungskräfte, die  **Zwei Führungskräfte, die fast alles richtig machen** den hier beschriebenen Anforderungen entsprechen? Oder gibt es sie nur in der Wunschvorstellung von Trainern und Buchautoren? Klar gibt es solche Führungskräfte! Zwei von ihnen, die ich persönlich gut kenne, möchte ich Ihnen auf den folgenden Seiten vorstellen. Der eine ist Topmanager bei einem internationalen Konzern, der andere Mitinhaber einer kleinen, regionalen Hotelkette. Eines haben beide gemeinsam: Sie wollen, dass alle ihre Mitarbeiter jeden Tag mit leuchtenden Augen zur Arbeit kommen.

»Let us realize that a change can only come
When we stand together as one«
Michael Jackson »We Are the World«

»Was ist dein Traum?«, fragt Rob den jungen Trainee. Der Absolvent scheint sich über die Frage etwas zu wundern. Aber Rob schaut ihm direkt in die Augen und wartet auf eine Antwort. Da sagt der junge

Mann: »Wenn ich hier eine feste Stelle bekommen würde, wäre das schon gut. Ich könnte ja erst mal Produktmanager sein. Und wenn du dann mit mir zufrieden bist, könnte ich die Führung von einem kleinen Team übernehmen. Und dann …« Rob unterbricht sein Gegenüber: »Das soll dein Traum sein?« Und dann noch lauter: »Das glaube ich dir nicht! Es geht doch hier, verdammt, nicht um Posten! Sondern darum, wie wir alle zusammen den Patienten helfen können.«

Führung heißt reden und sich dabei in die Augen schauen

Karrierefixierung bei Nachwuchsführungskräften Rob ist Manager bei einem international tätigen Hersteller von Medizintechnik. Als ich ihn 1996 zum ersten Mal traf, war er der CEO für Holland. Inzwischen ist er der CEO der Division Western Europe und hat Führungsverantwortung für 7000 Mitarbeiter. Rob ist Trommel, Klavier und Trompete. Damit ist er einerseits ein stark extrovertierter und zielorientierter Manager. Ausgeprägte Willenskraft verbindet sich bei ihm jedoch mit Lockerheit und guter Laune. Die Frage »Was ist dein Traum?« stellt Rob jedem Neuzugang, der von einer Universität oder Business School in den Konzern kommt. Und immer bekommt er die gleichen Antworten. Sie haben sich genau ausgemalt, bis wann sie sich auf welchem Posten sehen.

Rob macht ihnen da erst mal ganz bewusst einen Strich durch die Rechnung. »Das sollen deine Träume sein?«, fragt er die Nachwuchskräfte höhnisch und stößt sie damit absichtlich vor den Kopf. Die jungen Leute hatten geglaubt, die »politisch korrekte«, konzernkompatible Antwort zu geben. Tenor: »Ich weiß ganz genau, was ich will und konzentriere mich auf meine Ziele. Darauf arbeite ich seit Jahren hin. Deshalb habe ich für meine Abschlüsse gebüffelt.« Doch für Rob sind Titel wie MBA oder Adressen wie INSEAD bestenfalls erste Hinweise darauf, dass ein Neuzugang etwas taugen könnte. Er hakt nach: »Geht es dir etwa nur um Posten? Warum kommst du dann zu einem Medizintechnikunternehmen? Wärst du genauso gerne bei EADS? Oder bei Renault? Oder SAP?«

Erschüttert merken einige der jungen Leute, was aus ihren Träumen geworden ist. Und dass es ihnen tatsächlich mehr oder weniger gleichgültig ist, in welchem Konzern sie Karriere machen. Hauptsache, es geht schnell. Rob polarisiert. Für einige ist die Begegnung mit ihm ein Wendepunkt, ja fast ein Erweckungserlebnis. Andere sehen zu, dass sie hier bloß wegkommen, und bewerben sich woanders. Diejenigen, die bleiben, blühen auf. Sie lernen, eine Perspektive einzunehmen, die sie vorher nicht hatten. Sie fragen sich: Was tun wir hier eigentlich den ganzen Tag? Wozu wird Medizintechnik benötigt? Man mag es kaum glauben, aber an diesem Punkt wird einigen erst richtig klar, dass es um kranke Menschen geht. Alle hier kommen täglich zur Arbeit, um das Leiden von Menschen zu lindern und Schwerkranken ein Stück Lebensqualität zurückzugeben.

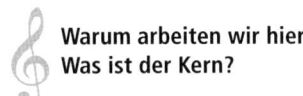

Warum arbeiten wir hier? Was ist der Kern?

Wer das begriffen hat, beginnt, seinen Job und sein Team mit anderen Augen zu sehen. Entscheidend ist, was das Team gemeinsam leistet, damit es Menschen besser geht. Die eigene Karriere kommt an zweiter Stelle. Diese Haltung fördert Rob bei allen seinen 7000 Mitarbeitern. Denn es ist auch seine eigene Einstellung. Der Vorgänger von Rob, ein Amerikaner, war da ganz anders. Er war ein aggressiver und erzkonservativer Bürokrat. Nach außen hin waren ihm Regeln, Organigramme und Prozesse heilig. In seinem Inneren (sofern da Einblicke überhaupt möglich waren) ging es ihm um den eigenen Vorteil und sonst nichts. Er scharte Mitarbeiter um sich, die seine Macht sicherten, und belohnte sie dafür mit Gefälligkeiten.

Rob glaubt an die Talente von Menschen. Wenn er junge Leute in der Firma fragt: »Was möchtest du machen?«, dann ist diese Frage ernst gemeint. Der Europachef ist auf der Suche nach dem individuellen Talent, der ganz besonderen Mischung des Charakters und dem möglichen eigenen Weg für eine junge Führungskraft. Rob hat nichts gegen eine hervorragende Ausbildung, ganz im Gegenteil. Aber er erzählt mir immer wieder, wie sehr bei jungen Leuten das Augenleuchten verloren geht, je mehr sie sich mit Abschlüssen, Qualifikationen und Karrierestationen beschäftigen. Er möchte ihnen dieses Augenleuchten zurückgeben. Er will es möglichst jeden Tag sehen.

SO SIND SIE IM TAKT

Fragen Sie sich als Führungskraft jeden Abend: Was habe ich heute getan, damit mein Teamorchester besser spielen kann?

Ständige Gesprächsbereitschaft, ohne das Tempo zu drosseln Einmal habe ich Rob gefragt: »Was bedeutet für dich Führung?« Seine Antwort kam spontan: »Mit den Menschen reden und ihnen dabei in die Augen schauen.« Für Rob ist Feedback kein lästiges Pflichtprogramm bei einem vierteljährlichen »Mitarbeitergespräch«. Er ist ständig ansprechbar und geht auch permanent auf andere zu. Klar macht er dabei auch Tempo. Er ist schließlich zuallererst Trommel. Außerdem ist er Manager und kein Psychotherapeut. Aber er will das, was den Kern der Firma ausmacht, in den Herzen seiner Teammitglieder fest verankert sehen. Er sucht Technikbegeisterte, die gleichzeitig den Wunsch haben, kranken Menschen zu helfen. Diese Mischung ist das Wichtigste. Wer nur Punkt eins mitbringt, kann tatsächlich auch zu EADS, Renault oder SAP gehen. Rob selbst kam zur Medizintechnik, nachdem er im Alter von 16 Jahren einen Mopedunfall gehabt hatte. Er war ebenso dankbar wie fasziniert gewesen, wie sie ihn im Krankenhaus wieder zusammengeflickt hatten.

Eigene Talente und den Kundennutzen zusammenbringen »Leute, die heute von den Business-Schools kommen, glauben: Ich kann alles managen«, erzählt Rob. »Aber sie verstehen nicht, was das Wesentliche ist. Es geht um den Kern der Firma.« Rob möchte, dass seine Leute immer wieder selbst darüber nachdenken, wie sie ihre besten Talente mit dem größtmöglichen Kundennutzen zusammenbringen können. Und ich glaube, genau das schuldet auch jede andere Führungskraft ihrem Team: eine Perspektive zeigen, wie eigenes Talent und Kundennutzen immer wieder zusammenfinden können, und dabei jedoch immer nur den Anstoß geben und keine fertigen Lösungen präsentieren. Motto: Denk selber nach! Für Musiker ist es selbstverständlich, immer wieder diese Verknüpfung herzustellen.

Kein Musiker auf der Welt möchte immer nur für sich alleine spielen. Also muss er sich ständig fragen: Was für Musik möchte ich machen – und wie käme diese Musik beim Publikum an?

Selbst für einen Weltstar wie David Garrett war dieser Weg nicht immer leicht. Der Wochenzeitung »Die Zeit« gestand der in Aachen geborene Sohn eines deutschen Geigenlehrers und einer amerikanischen Tänzerin, während seines Studiums an der berühmten Juilliard School in New York in eine schwere Krise geraten zu sein. Er bekam zwar begeisterte Feedbacks von musikalischen Größen wie Itzhak Perlman und Isaac Stern, fühlte sich aber fremdbestimmt und warf seinen Eltern vor, ihn nie gefragt zu haben, ob er Violinist werden wolle. Als er sich schließlich neu für die Geige entschieden hatte, kam die nächste Prüfung: Seine Ambitionen in Richtung musikalisches Cross-over stießen bei Plattenfirmen und Konzertveranstaltern auf einhellige Ablehnung. Für einen klassischen Violinisten, der auch Rockballaden spielt, gab es angeblich kein Publikum. David Garrett musste Geduld haben, bis er die Musikwelt eines Besseren belehren konnte.

Robs Karriere in der Gesundheitswirtschaft begann mit einer Serie von Absagen. Keine der großen Pharmafirmen wollte den enthusiastischen jungen Mann einstellen. **Geduld haben und die längerfristige Perspektive sehen** Erst als er erfolgreich seine eigene Firma zur Beseitigung von Klinikabfällen aufgebaut hatte, erkannten die Konzerne sein Talent und buhlten um ihn. Eines Tages verkaufte Rob seine Firma und ging zu dem Medizintechnikhersteller, bei dem er noch heute ist. Wie gehen Sie als Führungskraft mit Talenten um, die an sich selbst zweifeln? Wie behandeln Sie Ideen, von denen noch nicht klar ist, ob die Kunden reif dafür sind? Eine gute Führungskraft zeichnet sich hier in meinen Augen vor allem durch Geduld aus. Sie denkt in längeren Zeiträumen und sieht, bildlich gesprochen, den Weg von der Raupe zum Schmetterling. Die meisten Mitarbeiter überschätzen, was sie innerhalb einer Woche leisten können, und unterschätzen, was sie innerhalb eines Jahres leisten können. Eine Führungskraft muss wissen, was innerhalb von mehreren Monaten oder Jahren möglich ist, und das im Blick behalten. Durch ständiges Feedback eröffnet sie dem Teammitglied die langfristige Perspektive.

> »He got the action, he got the motion
> Yeah, the boy can play«
> Dire Straits »Walk of Life«

Mal für Bewegung, mal
für Ruhe sorgen  Erfolgreiche Führungskräfte denken einerseits langfristig und wissen andererseits immer, was jetzt im Augenblick zu tun ist. Ihnen ist klar, dass sie einmal Bewegung und ein anderes Mal Ruhe ins Team bringen müssen. Mal ist es höchste Zeit für den nächsten Schritt und mal ist es besser, drei Monate zu warten. Es ist genau wie in der Musik und im Sport: Das richtige Timing müssen Nachwuchstalente erst langsam lernen. Junge »High Potentials« sind heute oft überdreht und wollen alles auf einmal. Erfahrene Führungskräfte können ihnen helfen zu lernen, dass man nicht immer Gas geben kann, sondern auch mal ausrollen lassen muss, wenn man ökonomisch sein will.

Dass Führungskräfte, die sich wie Rob an den hier beschriebenen Prinzipien orientieren, keine bloßen Wohlfühlonkel sind, sondern knallharte und messbare Resultate erzielen, kann folgendes Beispiel vielleicht verdeutlichen: Als Rob Europa-Chef wurde, waren ihm die gigantischen Marketingbudgets bald ein Dorn im Auge. Er fragte sich: »Warum müssen wir für unsere großartigen Produkte, die jeden Tag Leben retten und erhalten, eigentlich so sehr trommeln?« Das Problem war, dass sich die von einem üppigen Cashflow verwöhnten Konzernmanager an die fetten Budgets gewöhnt hatten. Es machte ihnen großen Spaß, für bunte Bilder und allerlei Aktionen einen Haufen Geld auszugeben.

Überzeugen statt
Ziele diktieren Robs Vorgänger hätte sich jetzt vielleicht einfach vor das Team gestellt und gesagt: »Ich erwarte im nächsten Jahr 25 Prozent weniger Marketingkosten.« Punkt. Aber Rob wollte seine Leute überzeugen. Und zwar auf seine gewohnte Art: »Mit den Menschen reden und ihnen dabei in die Augen schauen.« Über Monate hinweg führte er viele, viele Gespräche. Er hatte Geduld. Immer stellte er dieselbe Frage: »Passt

dieses Marketing zu unserem Kern? Können wir mit dem Geld nicht mehr machen, was Menschen hilft?« Er sagte: »Wir sind wie jemand, der seiner Geliebten jeden Tag Geschenke kauft, bloß weil er das Geld hat. Aber will die Geliebte nicht eigentlich etwas anderes? Wir lieben doch unsere Patienten. Was wünschen die sich wirklich?«

Immer mehr Teammitglieder ließen sich überzeugen, dass viele Marketingaktionen nicht nur überflüssig waren, sondern sogar den Blick auf das Wesentliche verstellten. Die Mitarbeiter kamen ins Nachdenken. Sie lernten schließlich, wieder mehr an ihre Produkte zu glauben als ans Marketing. Und mit dieser gestärkten Überzeugung gingen sie auf die Kunden zu. Nach zwei Jahren waren die Marketingausgaben um 50 Prozent gesunken. Ohne dass Rob irgendeine Zahl als Ziel vorgegeben hätte. Gleichzeitig war das Auftragsvolumen gestiegen! Rob hatte seine Leute angespornt, wieder mehr mit dem Kern der Firma in Kontakt zu kommen. Und als sie das ausstrahlten, überzeugte das die Kunden mehr als jeder noch so aufwendige Imagefilm.

Ich habe einmal einen anderen befreundeten Manager gefragt, was Führungskräfte ihrem Team am meisten schulden, und bekam zur Antwort: »Vitamin A.« Aufmerksamkeit also. So kann man es auch zusammenfassen. Fragen stellen, Gespräche führen, Talente erkennen, anspornen oder beruhigen – alles das hat mit Aufmerksamkeit zu tun. Musiker haben grundsätzlich eine hohe Aufmerksamkeit füreinander. Wer seine Aufmerksamkeit für die Mitspieler verliert, gerät aus dem Takt und spielt falsch. Wer aber maximal aufmerksam und präsent ist, der kommt dem Flow schnell nahe.

Auf den Punkt gebracht:
»Vitamin A« zählt!

Gute Führung kann (fast) jeden Misserfolg abwenden

> »They're livin' it up at the Hotel California
> What a nice surprise. Bring your alibis«
> Eagles »Hotel California«

Die Lage ist ja schon mal super! Francesco schaut auf die Dünen. Durch das geöffnete Schiebedach glaubt er das Meer zu riechen, als er auf den Hotelparkplatz fährt. Der Platz ist so leer, dass man hier Fußball spielen könnte. Francesco steigt aus und schaut sich um. Gar nicht mal schlecht sieht es aus, das Hotel. Typisch für diese Gegend. Aber müssen die überquellenden Mülltonnen genau im Blick der Gäste stehen? Und warum ist hinter der Eingangstür alles dunkel? Der Unternehmer verriegelt sein Auto und betritt das Gebäude. Niemand an der Rezeption. In einer Ecke des Raums ist eine Putzfrau ganz mit ihrem Staubsauger beschäftigt. Schaut nicht auf, grüßt nicht. Aha, denkt Francesco. Das Übliche …

Liebe für das Geschäft und für die Menschen  Die Firma von Francesco und seinen zwei Mitinhabern kauft in ganz Holland und Belgien Hotels, die schlecht laufen und kurz vor der Schließung stehen. Aha, denken einige von Ihnen jetzt vielleicht, Finanzinvestoren also – Leute, die sich am Kapitalmarkt Geld besorgen, damit marode Unternehmen kaufen, die halbe Belegschaft entlassen, die Wände neu streichen und dann mit dickem Profit weiterverkaufen. Doch falls Sie das denken sollten, liegen Sie komplett falsch. Francesco und seine beiden Freunde kaufen Hotels, um sie zu behalten. Mittlerweile haben sie sich eine kleine Kette aus 16 Mittelklassehotels aufgebaut. Fünf davon sind in Amsterdam, zwei in Belgien, die anderen in ganz Holland verteilt. Francesco liebt das Hotelgeschäft und den Umgang mit Menschen. Und ob Sie es nun glauben oder nicht: Er kauft die maroden Hotels nicht bloß, weil sie billig zu haben sind, sondern weil es ihm in der Seele wehtut, wenn ein Hotel nicht läuft.

Als ich Francesco gefragt habe, warum einige Hotels so schlecht laufen, sagte er: »Das ist immer ein Führungsproblem.« Alles andere sind für ihn  **Das Geschäft läuft nicht? Immer ein Führungsproblem!** Ausreden. Schlechte Lage, zu viel Konkurrenz, Renovierung zu teuer, Konjunkturflaute … das alles lässt Francesco als Gründe für Misserfolg nicht gelten. Er weiß: Übernachtet wird immer und überall. Für ein richtig gutes Hotel nehmen Stammgäste weite Umwege in Kauf. Er weiß auch: Das Team macht den Unterschied. »Im Hotelgeschäft sind die Gebäude wie die Hardware«, erzählt Francesco. »Die Hardware ist nie das Problem, daran kannst du immer was machen. Wenn Hotels schlecht laufen, dann stimmt die Software nicht. Es liegt am Team.«

Weil das so ist, kommen Francesco und seine Leute auch nicht als Erstes mit dem Farbeimer, sobald sie ein marodes Hotel gekauft haben, sondern sie kommen, um mit den Mitarbeitern zu sprechen. Francesco nimmt sich viel Zeit, um mit allen zu reden, vom Direktor bis zur Putzfrau. Er stellt ihnen allen dieselben Fragen: »Was magst du an deinem Hotel? Warum arbeitest du hier?« Schon das sind für einige Mitarbeiter Fragen, über die sie bisher nie nachgedacht haben. Sobald sich die Leute hierzu erste Gedanken gemacht haben, hakt Francesco nach: »Für welche Gäste möchtest du hier arbeiten? Was müsstest du tun, damit solche Gäste kommen? Und auch wiederkommen?«

Auch Francesco polarisiert. Wenn seine Firma ein Hotel übernimmt, wird grundsätzlich niemand entlassen. Francesco übt keinerlei Druck aus.  **Nicht über Zahlen sprechen, sondern über Menschen und Talente** Aber immer reichen einige nach den ersten Gesprächen ihre Kündigung ein. Sie suchen sich irgendein anderes Hotel, in dem sie Dienst nach Vorschrift machen können. Die Mehrheit aber bleibt. Und sieht plötzlich Licht am Ende des Tunnels. Die meisten Investoren würden jetzt natürlich viel über Zahlen reden. Francesco dagegen spricht überhaupt nicht über Zahlen. Sein Credo lautet: Wenn das Team seinen Job wieder gut macht, dann kommen die Gewinne von ganz allein zurück. Dass es funktioniert, hat seine kleine Hotelkette jetzt schon über 15-mal bewiesen. Genau wie Rob in seinem Konzern führt auch der Mittelständler Francesco seine Teams immer wieder auf den Kern ihrer Tätigkeit zurück.

SO SIND SIE IM TAKT

Sorgen Sie als Teamleader dafür, dass Ihre Teammitglieder immer mit dem Kern des Unternehmens in Kontakt sind. Stellen Sie ihnen dazu scheinbar »dumme« Fragen, wie zum Beispiel: »Warum arbeitest du hier?«

Aus dem Kern einen neuen »Spirit« entwickelt  Was ist so schön daran, in einem kleinen Mittelklassehotel am Rande der Dünen zu arbeiten? Zum Beispiel kann hier noch die authentische Gastfreundschaft der jeweiligen Region gelebt werden. Im Gegensatz zu den standardisierten Abläufen eines Hotelkonzerns, die überall auf der Welt dieselben sind, lässt sich in diesem Rahmen jedem Hotel eine unverwechselbare Note geben, die mit der Eigenart der jeweiligen Region und der Mentalität ihrer Menschen zu tun hat. Wer würde nicht in Delft viel lieber von Delfter Porzellan frühstücken als von dem in Schweden gestylten und in China produzierten Geschirr eines globalen Hotelkonzerns? Auf diesen »Geist des Ortes« setzen Francesco und seine zwei Freunde. Entsprechend lautet der Claim ihrer kleinen Kette: »True spirit of local hospitality«.

Diesen echten »Spirit« bei den Mitarbeitern zu wecken ist überhaupt ihr Erfolgsrezept. Ja, es ist das, was in Francescos Augen Führungskräfte ihren Mitarbeitern vor allem schulden. Wo dieser Spirit herrscht, ist jeder eingeladen, seine Talente einzubringen. Vor wenigen Jahren gab es einmal eine Gallup-Studie, für die mehr als zwei Millionen Menschen in den meisten westlichen Industrieländern befragt wurden. Auf die Frage »Können Sie bei der Arbeit Ihr Talent einsetzen?« sagten nur 17 Prozent uneingeschränkt ja. 83 Prozent arbeiten also, ohne das Gefühl zu haben, dabei ihr Lieblingsinstrument zu spielen. Diese Zahlen zeigen, wie viel es zu tun gibt. Führungskräfte sollten den Anfang machen.

Immer noch bewerben sich fast alle Angestellten auf funktionale Stellen. Sie fragen sich, ob sie für Geld eine bestimmte funktionale Rolle spielen möchten oder nicht. Selbst in Stellenanzeigen, in denen ausdrücklich steht »Wir suchen Talente«, ist eigentlich immer gemeint: Wir suchen Leute für bestimmte Funktionen. Keine Frage, funktionale Rollen zu definieren ist nötig. Aber Talente sind eben viel wichtiger für den Erfolg. Kein Orchester würde eine Harfenistin, die sich bewirbt, fragen: »Gefällt dir der Platz hinten links? Kommst du damit gut zurecht?« Oder: »Ist unser Tourneeplan für dich okay?« Alles das ist zweitrangig. Was zählt, ist das Talent und die Möglichkeit, es zu entfalten.

 **Noch dominiert die funktionale Perspektive …**

Der amerikanische Businessguru Jim Collins nennt in seinem Buch »Good to Great: Why Some Companies Make the Leap … And Others Don't« als Hauptgrund dafür, dass manche Unternehmen seit mehr als 25 Jahren ununterbrochen Erfolg haben, die klare Ausrichtung auf die Förderung von Talenten. Den besten Führungskräften, so Collins, macht es Spaß, Talente zu suchen und diese Talente dann auch einzusetzen und weiterzuentwickeln. Den zweiten Aspekt finde ich sehr wichtig. Führungskräfte müssen es allen anderen Teammitgliedern gönnen, dass sie Virtuosen werden und sich voll ausleben. Es sind die schlechten Führungskräfte, die nur selber glänzen wollen und die Erfolge ihrer Mitarbeiter mit Argwohn betrachten. Als wir in Franck van der Heijdens Haus und Garten musizierten, gönnte jeder jedem sein Solo. Wir freuten uns über das Solo des anderen, als wären wir selbst dran. Das war Flow.

 … doch was zählt, ist Talent und die Möglichkeit, zu wachsen.

DA CAPO

♫ Führungskräfte schulden ihren Mitarbeitern die Chance, in einen Flow zu kommen, bei der Arbeit ihr bestes Talent einzusetzen und immer weiterzuentwickeln.

♫ Unmittelbares Feedback ist einer der wichtigsten Schlüssel für bestmögliche Resultate im Team. Genauso wichtig ist die Geduld, immer wieder Gespräche zu führen, um zu überzeugen.

♫ Erfolgreiche Führungskräfte führen ihre Teams immer wieder zum Kern der Organisation. Sie machen ihren Mitarbeitern deutlich, für wen es sich lohnt, jeden Tag zur Arbeit zu kommen.

WAS DIE AUGEN IHRER TEAM-
MITGLIEDER ZUM LEUCHTEN BRINGT

»Going where the orange sun has never died
And your swirling marble eyes shine«
Chicago »Fancy Colours«

Sie verbringen ein Wochenende am Meer. Jules hatte es dem Team vor vier Jahren versprochen. »Wenn wir schaffen, was wir uns für die nächsten vier Jahre vornehmen«, hatte er gesagt, »dann fahren wir ein Wochenende ans Meer.« Und jetzt war es so weit: Strand, Shopping und ein klasse Abendprogramm … Dabei hatten sie sich bis kurz vorher gefragt: Dürfen wir das? Dürfen wir jetzt feiern, mitten in der Finanzkrise? Als Banker? Ihre Genossenschaftsbank hatte nicht spekuliert. Trotzdem war der Ruf der Banken nun mal ruiniert. Was tun? Das Team hat einfach seine Kunden gefragt, ob es wegfahren darf … Und die sagten: Ja, macht das unbedingt! Ihr habt es euch verdient!

Jules kenne ich schon seit der Realschule. Damals haben wir ganz viel zusammen gemacht: Sport, abhängen, Mädchen hinterherschauen – was Jungs kurz vor dem Schulabschluss in ihrer Freizeit so treiben. Heute ist Jules Bankdirektor mit wahrscheinlich dem verrücktesten Werdegang, den es in der niederländischen Finanzwelt gibt. Als ausgebildeter Krankenpfleger arbeitete er zunächst einige Jahre in der Pflege. Dann wollte er mal was anderes ausprobieren, landete bei einer Lebensmittelkette und stieg in den Bereich Personal ein. Als HR-Manager in der Welt von Toastbrot, Dosenobst und Tiefkühlpizza bewarb er sich schließlich bei einer der größten europäischen Genossenschaftsbanken. Und wurde genommen!

Mit Anfang 30 nahm die Karriere von Jules dann richtig Fahrt auf. In der Bank stand, wie überall in der Branche, jener Umbruch an, von dem Sie in diesem Buch bereits gelesen haben: weg von der Produktorientierung, hin zur Kundenorientierung. Jules war hier sofort in seinem Element. Trotzdem ist es schon etwas verrückt, dass eine Bank mit 300 Filialen ausgerechnet einen ausgebildeten Krankenpfleger beauftragte, ihren Vertrieb zu modernisieren. Am Ende hatte Jules ein Team von 100 Leuten und krempelte damit das gesamte Unternehmen um. Heute ist Jules Regionaldirektor bei der auf 50 000 Mitarbeiter angewachsenen Bank hier im Süden. Den Sprung in den Bankvorstand, der ihm angeboten wurde, lehnte er aus privaten Gründen vorerst ab. Neben dem Geschäft kümmert sich Jules mit Leidenschaft um soziale Projekte, die unseren Genossenschaftsbanken traditionell sehr wichtig sind.

»Wie komme ich an ein Dream-Team?«  Seit Jules vor rund 20 Jahren Banker geworden ist, hat er sich immer wieder gefragt: Wie komme ich an ein Dream-Team? Er ist nämlich ein absolut typisches Klavier. Und nicht nur das. Er ist das am besten gestimmte Klavier, das ich kenne. Für ihn ist es das Größte, seine Teammitglieder für neue Ziele zu begeistern, diese Ziele dann gemeinsam zu erreichen und anschließend den Erfolg kräftig zu feiern. Das Leuchten in den Augen seiner Teammitglieder und die Begeisterung seiner Kunden sind für Jules der größte Lohn. Das Geld kam und kommt immer an zweiter Stelle. Das Großartige ist: Jules hat es bisher bereits drei Mal geschafft, ein Dream-Team zu haben. Das erste Mal war gleich nach seinem Einstieg ins Bankgeschäft. Sein Projektteam für die Reorganisation war ebenfalls genial. Und heute als Regionalchef hat er wieder Leute, wie er sie sich nicht besser wünschen könnte.

Drei Voraussetzungen für anhaltende Begeisterung  Doch was genau macht ein Dream-Team aus? Was bringt die Augen von Teammitgliedern immer wieder zum Leuchten – Woche für Woche, Tag für Tag? In den bisherigen Kapiteln haben Sie schon eine ganze Menge darüber gelesen, keine Frage. Auf den folgenden Seiten möchte ich Ihnen drei Kernpunkte besonders ans Herz legen. Den Werdegang von Jules beobachte ich jetzt seit rund 35 Jahren. Er ist für mich der beste Beleg, dass es immer wieder möglich ist, Menschen für neue Ziele zu begeistern. Sofern alle bereit sind, auf ihren jeweiligen Instrumenten zu Virtuosen zu werden.

> »I need something to come over me
> Lift me up and set me free«
> Chrystal Waters »What I Need«

Was Teammitglieder wirklich brauchen: Autonomie, Können, Sinn

Seit Jahrzehnten gibt es in der Organisations-psychologie Diskussionen über Bedürfnisse und Motivation. Wann kommen Menschen jeden Tag 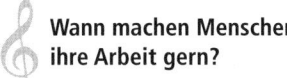 **Wann machen Menschen ihre Arbeit gern?**
gern zur Arbeit? Was muss gegeben sein, damit sie dort anhaltend produktiv sind? Diese Fragen kamen an jenem Punkt der Entwicklung der Industriegesellschaft auf, an dem Menschen nicht mehr aus materieller Not arbeiten gingen. Die Verhältnisse in weiten Teilen der Welt sind heute immer noch so, wie sie bei uns in Westeuropa vor 100 oder 200 Jahren waren: Eine arme Landbevölkerung, die von den Früchten der Erde nicht mehr leben kann, strömt in die Städte. Sie sucht Arbeit, um zu überleben. Für Millionen von Menschen ist das die Lebensrealität. Aber für uns ist es nun einmal vorbei.

Weil das so ist, glaube ich, dass wir uns mit den untersten Stufen von Bedürfnishierarchien – wie zum Beispiel der bekannten Pyramide von Abraham Maslow – nicht mehr groß beschäftigen müssen. Unsere Grundbedürfnisse nach Nahrung, Sicherheit, Gesundheit oder Liebe können wir alle einigermaßen befriedigen. Wenn wir uns unter den heutigen Bedingungen fragen, was bei der Arbeit unsere Augen leuchten lässt, dann müssen wir andere Antworten finden als noch vor wenigen Jahrzehnten. Es müssen Antworten sein, die unserer heutigen gesellschaftlichen Entwicklungsstufe gerecht werden.

Nach dem, was Sie bis hierher an Geschichten und Beispielen gelesen haben, ließe sich einiges aufzählen, was Orchester – genau wie alle an- 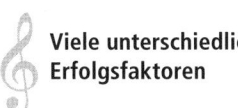 **Viele unterschiedliche Erfolgsfaktoren**
deren Teams – mit Begeisterung zusammenspielen lässt: Vertrauen

an erster Stelle. Dann Musikstücke, die alle lieben. Im übertragenen Sinne also Aufgaben, die wirklich Spaß machen. Als Nächstes ein Dirigent beziehungsweise Teamleader, der jedes Individuum fördert und ihm zur richtigen Zeit die passenden Impulse gibt. Nicht zu vergessen ein Repertoire, das dem Publikum auch gefällt. Ohne Kundennutzen kein Erfolg! Der begeisterte Applaus des Publikums, die Kundenzufriedenheit, ist ein zusätzlicher Ansporn. Schließlich spielt jedes Team, ob es nun Musiker, Banker, Hotelangestellte oder Jeansverkäufer sind, dann besonders gern zusammen, wenn die Chemie untereinander stimmt.

Alle diese Aspekte sind wichtig, und ich könnte noch einige weitere hinzufügen. Lieber möchte ich Sie auf drei Kernpunkte hinweisen, die für mich in der heutigen Zeit die wichtigsten sind. Sie stammen aus der modernen Glücksforschung. Mit diesem Gebiet habe ich mich lange beschäftigt. Vielleicht haben einige von Ihnen mich ja sogar schon als Glückscoach im »Glücksreport« beim deutschen Fernsehsender Pro7 gesehen.

Was alle heute am Arbeitsplatz brauchen  Die moderne Glücksforschung nennt die folgenden Punkte als die grundlegendsten Bedürfnisse, die Menschen heute am Arbeitsplatz haben:

1. **Autonomie** – Menschen brauchen heute bei der Arbeit ein gewisses Maß an Freiheit. Diese Autonomie kann und muss nicht überall besonders groß sein. Aber selbst bei einfachen und weisungsgebundenen Tätigkeiten suchen Menschen ihre kleinen Freiräume. Sie wollen sagen können: So mache *ich* das.
2. **Können** – Wir sind motiviert zu einer Arbeit, wenn sie unserem Können entspricht. Menschen wollen das Gefühl haben, in dem, was sie machen, auch richtig gut zu sein. Im Idealfall können sie sich auf ihrem Gebiet bis zur Meisterschaft entwickeln. Auch eher einfache Tätigkeiten lassen sich meisterhaft erledigen.
3. **Sinn** – Unsere Tätigkeiten sollen zumindest einen kleinen positiven Beitrag für andere Menschen oder für die Gesellschaft insgesamt leisten. Wir wollen einen Sinn erleben. Das muss nicht immer heißen, die Welt zu retten. Wichtig ist, den Zusammenhang

zwischen der eigenen Arbeit und dem positiven Effekt bei einem anderen Menschen erkennen zu können.

In der Musik sind bei einem Spitzenorchester alle diese drei Punkte immer gegeben. Jeder Musiker hat zunächst seine ganz spezielle Technik, also 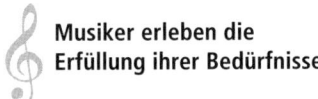 **Musiker erleben die Erfüllung ihrer Bedürfnisse.** seinen persönlichen Freiraum im Umgang mit seinem Instrument. Diese Freiheit zeigt sich unter anderem darin, dass ein Musikstück selbst unter demselben Dirigenten immer etwas anders klingen kann, je nachdem, welches Orchester es spielt. Die Unterschiede sind bei den besten Orchestern der Welt vielleicht nicht immer sofort hörbar, aber es gibt sie. Den Unterschied zwischen einem Laienensemble und einem Spitzenorchester hört man schon wesentlich deutlicher heraus.

Das hat mit Können und Meisterschaft zu tun. Immer wieder üben, um zur Meisterschaft zu ge- **Übung ist nachweislich wichtiger als Talent.** langen, ist ein großes Thema für Musiker. Hierzu gibt es eine spannende Untersuchung des schwedischen Psychologen Anders Ericsson. Der Professor beschäftigt sich seit Jahrzehnten mit Spitzenleistungen in Sport und Musik. Nach seinen Forschungsergebnissen wird Talent als solches in der Regel überschätzt. Stattdessen stimmt das alte Sprichwort »Übung macht den Meister«. Ericsson beobachtete zum Beispiel in einer Langzeitstudie Schüler an Konservatorien. Seine Ergebnisse sind verblüffend: Alle Musikschüler, die später Virtuosen waren oder in professionellen Orchestern spielten, hatten in ihrem bisherigen Leben mindestens 7500 Stunden geübt.

Angenommen, jemand übt auf seinem Instrument sieben Tage die Woche jeweils drei Stunden, das ganze Jahr lang und auch im Urlaub. Dann braucht er nach Ericsson fast sieben Jahre bis zur Meisterschaft. Andere Musikschüler, die Ericsson beobachtete, hatten in ihrem Leben nur rund 3500 Stunden geübt. Sie wurden laut der Studie häufig Musiklehrer. In ein Orchester schafften sie es mit diesem Maß an Übung nicht, geschweige denn, dass sie Solisten werden konnten. Auf das Thema Talent werde ich später noch einmal zurückkommen. In der Musik ist die Spannbreite zwischen stark entwickeltem und weniger entwickeltem Talent sehr groß.

Musik
macht immer Sinn. Ganz unabhängig von den Übungsstunden ist aber beim Musizieren oder Musikhören die Erfahrung, dass man etwas Sinnvolles tut. »Man braucht die Musik wie das Wasser zum Trinken und die Luft zum Atmen«, hat der Dirigent Simon Rattle einmal gesagt. Und es stimmt: Musik berührt unser Herz so unmittelbar, dass niemand auf die Idee käme, den Sinn eines Konzerts infrage zu stellen. Egal, welche Musikrichtung wir bevorzugen – bei unserer Lieblingsmusik geht es uns sofort besser. Sie versetzt uns in eine fröhliche Stimmung. Musiker erleben deshalb eine doppelte Befriedigung: Sie haben Freude am Spielen ihres Instruments – und sie erfreuen ihr Publikum!

 SO SIND SIE IM TAKT

Gewähren Sie als Führungskraft jedem Teammitglied ein gewisses Maß an Autonomie. Geben Sie allen im Team die Chance, ihre Talente zu entfalten. Und zeigen Sie immer wieder auf, wofür es sich lohnt, gemeinsam zu arbeiten.

Freiheit, Können
und Sinn sind bei jeder Wenn es um die drei Grundbedürfnisse Autono-
Tätigkeit erlebbar. mie besitzen, Können entfalten und Sinn erleben geht, kommt immer wieder der Einwand, das gelte doch vor allem für kreative und anspruchsvolle Tätigkeiten. Kann man eine Putzkolonne wirklich mit einem Sinfonieorchester vergleichen? Ist es möglich, den Verkauf von Briefmarken an einem Postschalter zur Meisterschaft zu perfektionieren? Der Weltbestseller »Fish!« von Stephen Lundin, Harry Paul und John Christensen hat mit etlichen Vorurteilen gegenüber sogenannten einfachen Tätigkeiten aufgeräumt. In diesem Buch geht die Abteilungsleiterin eines Finanzdienstleisters mit ihren dauerfrustrierten Mitarbeitern auf den Fischmarkt von Seattle. Trotz der anstrengenden und nicht immer gut riechenden Arbeit haben die Arbeiter und Verkäufer dort immer gute Laune. Sie werfen Fische durch die Luft und fangen sie auf, feilen immer wieder an der Technik, mit der sie ihre Ware blitzschnell in Zeitungspapier packen, und freuen sich über jeden Kunden, für den sie die richtigen Leckerbissen haben.

Lundin, Paul und Christensen wollen zeigen: Wie du deine Arbeit machst, ist wichtiger, als was du machst. Wir können uns unsere Arbeit nicht immer aussuchen. Aber wir entscheiden stets selbst über unsere Einstellung zur Arbeit. Einfache Tätigkeiten können sehr viel Freude machen – und komplexe Aufgaben können frustrierend sein. Es kommt darauf an, ob unsere Bedürfnisse befriedigt werden. Wer die Freiheit genießt, Dinge auf seine Art zu tun, sich entwickeln kann und weiß, wem seine Tätigkeit nützt, der arbeitet auch gerne. Geld hingegen hat als Anreiz ausgedient. Wir wollen weiterhin Geld verdienen, vielleicht sogar viel Geld, aber es kann die Befriedigung unserer Bedürfnisse nicht ersetzen. Am liebsten bekommen Menschen heute Geld für etwas, was sie auch ohne Bezahlung gerne tun würden.

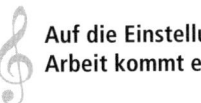

Auf die Einstellung zur Arbeit kommt es an.

»We want to hear the crowd really roar
Ya we're comin' in, we're gonna win«
Bryan Adams »We're Gonna Win«

Teams auf dem Weg zur Meisterschaft

Jules wollte ein Dream-Team. Und schaffte es immer wieder. Er blieb seinen Ideen und seinen Werten treu. Er gab Menschen Freiheit und gönnte auch anderen den Erfolg. Niemand entsprach weniger dem Negativklischee des gierigen Bankers. Dann kam die Finanzkrise von 2009. Die Genossenschaftsbank hatte immer solide gewirtschaftet und war von der Krise überhaupt nicht betroffen. Während andere, auch in Holland, Staatshilfen beantragten, freute man sich in der Bank von Jules einfach über die guten Zahlen. Man war mit dem Geld der Kunden verantwortungsvoll umgegangen und konnte ihnen weiter finanzielle Sicherheit und gute Erträge bieten. Von der schönen Erfahrung, die Jules jetzt machte, haben Sie zu Beginn des Kapitels bereits gelesen. Die Kunden unterschieden sehr genau zwischen Banken generell und dieser Bank. Sie sahen die gute Leistung des Teams und wussten, dass ihre eigene Zufriedenheit der Maßstab des Erfolgs

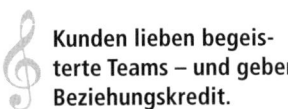

Kunden lieben begeisterte Teams – und geben Beziehungskredit.

ist. Es ist typisch für Jules, dass er vom Beziehungskonto mit seinen Kunden auch jetzt, wo er sicher sein konnte, dass es weit im Plus war, nicht ungefragt »abhob«.

Meilensteine feiern statt einfach immer mehr verlangen  Er fragte den Kundenbeirat und andere wichtige Kunden ausdrücklich: »Stellt euch vor, wir fahren jetzt ein Wochenende ans Meer, obwohl alle auf gierige Banker mit ihren dicken Boni schimpfen. Wie käme das wohl an?« Die Antwort fiel einhellig aus: Ihr seid ein super Team, ihr habt uns keine faulen Finanzprodukte angedreht, sondern unser Geld zusammengehalten – jetzt geht bitte kräftig feiern und lasst es euch gut gehen! Sie können sich vorstellen, dass sich das Team von Jules nicht zweimal bitten ließ. Mit dem Segen ihrer Kunden konnte es die zweieinhalb Tage wirklich genießen. Und kehrten voll motiviert für die nächsten vier Jahre an ihre Arbeitsplätze zurück.

Jules ist es immer wichtig gewesen, dieses Feiern von Meilensteinen. Es gibt so viele Chefs, die ihren Mitarbeitern die Botschaft senden: Es ist nie genug. Spitzenleistungen sind das Mindeste, was ich erwarte. So wie einst der Dirigent Herbert von Karajan verschaffen sie sich damit vielleicht einigen Respekt. Aber ein Team, das mit Leidenschaft bei der Sache ist und sich über Erfolge wirklich freuen kann, haben solche Führungskräfte eher nicht. Teamleader sollten deshalb ihrem Team immer wieder aufzeigen, was schon gemeinsam erreicht wurde. Es ist richtig und wichtig, sich an Zielen zu orientieren. Aber führen Sie sich und Ihrem Team doch auch von Zeit zu Zeit mal vor Augen: Wo standen wir vor einem Jahr? Oder noch vor wenigen Monaten? Was haben wir seitdem erreicht?

 SO SIND SIE IM TAKT

Feiern Sie Meilensteine! Nehmen Sie erreichte Ziele nicht selbstverständlich hin, sondern geben Sie der Freude darüber Raum. Bei kleinen Zielen reicht ein Glas Sekt am späten Freitagnachmittag. Große Ziele dürfen dann auch mal größer gefeiert werden.

Dieses gewisse Maß an Autonomie, das nach den Erkenntnissen der Glücksforschung für die Zufriedenheit am Arbeitsplatz heute einfach nötig 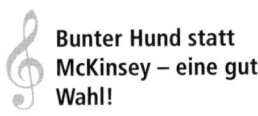 **Bunter Hund statt McKinsey – eine gute Wahl!**
ist, hatte Jules bei seiner Bank von Anfang an. Als Quereinsteiger und »bunter Hund« im konservativen Finanzwesen hatte er das Glück, dass seine Vorgesetzten sein Potenzial auch erkannt und gefördert haben. Für viele andere Unternehmen dieser Größe wäre eine Umstrukturierung, wie Jules sie mit seinem Team bewältigt hat, ein typischer Fall für McKinsey oder einen ähnlichen Beraterriesen gewesen. Es spricht für die Genossenschaftsbank, dass sie das Projekt einem Querdenker in den eigenen Reihen gab. Und nicht im McKinsey-Stil als Radikalkur aufsetzte, sondern erst mal als Testballon im Kleinen und nach den ersten Erfolgen dann mit immer mehr Reichweite.

Dieses Grundprinzip, bevorzugt eigene Leute zu entwickeln statt vorschnell externe Berater machen zu lassen, nennt auch Jim Collins in seinem 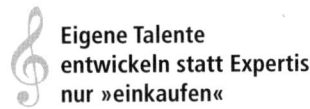 **Eigene Talente entwickeln statt Expertise nur »einkaufen«**
Buch »Good to Great« als einen Erfolgsfaktor der dauerhaft besten Unternehmen. Für die Teamentwicklung ist es immer ein Rückschlag, wenn Talente von außen »eingekauft« werden, die auch im Team vorhanden wären. Wenn die Topmanager die Talente doch sehen würden! Mitglieder in begeisterten Teams wissen, dass ihr Talent gesehen und gefördert wird. Bewährt hat es sich, bei neuen Herausforderungen zunächst kleine Schritte zu gehen – etwa ein Pilotteam für einen ersten Versuch zu bilden –, damit die Balance zwischen Über- und Unterforderung gewahrt bleibt.

Als typisches Klavier hat Jules in seiner Bank nicht nur ein Auge für Talente und Potenziale,  **Spontane »Round Tables« im Büro**
sondern schätzt auch unterschiedliche Meinungen und verschiedene Perspektiven. Seit Jahren beruft er vor jeder wichtigen Entscheidung kleine, spontane »Round Tables« ein. Er fragt sich: Wer könnte hier Ideen haben? Wessen Perspektive sollte ich berücksichtigen? Dann lädt er die entsprechenden Leute in sein Büro ein. Beim Thema »Mitbestimmung« ging es früher um Macht und Kontrolle. Heute geht es um die besten Ideen und intelligentesten Lösungen. Es müssen diejenigen Teammitglieder »mitbestimmen«, die

bei der jeweiligen Anforderung die passendsten Ideen und Lösungsvorschläge haben.

Teammitglieder sollten heute nicht nur mitreden, sondern sich auch
mitverpflichten. Jules fragt regelmäßig seine Teammitglieder: »Was
kannst du noch beitragen? Und wie kann ich dir dabei helfen?« Wenn
dann ein Teammitglied Ideen hat, wird es aber auch ernst. »Kann
ich dich darauf verpflichten?«, lautet dann die Frage. Lässt sich ein
Mitarbeiter auf diese Verbindlichkeit ein, muss er sich an dem selbst
gesteckten Ziel messen lassen. Er muss Kritik vertragen können. Und
das ist gut so, denn Sie wissen ja: In Kritik steckt Musik! Die Entwicklung der eigenen Fähigkeiten funktioniert nun einmal nur über
Feedback, also mit Lob und Kritik.

Schauen wir uns schließlich noch das Thema »Sinn« etwas genauer
an. Das ist kein Thema für Sonntagsreden und philosophische Auf-
sätze, sondern eine alltägliche Notwendigkeit für jedes Team. Bei den
Mitarbeitern einer Bank mitten in der Finanzkrise wird das drama-
tisch deutlich: In der öffentlichen Meinung kommt plötzlich kräfti-
ger Gegenwind auf. In den Talkshows und Internetforen hat es jetzt
manchmal den Anschein, als wären Banker nur auf der Welt, um
andere Leute auszubeuten und sich persönlich zu bereichern. Nur
wenn ein Team bei einer Bank vom Sinn der eigenen Tätigkeit wirklich überzeugt ist, kann es in solchen Situationen gelassen bleiben.

**Was bedeutet die
tägliche Arbeit für andere
Menschen?**  Dabei ist es hin und wieder notwendig, scheinba-
re Selbstverständlichkeiten auch auszusprechen.
Ein Team von Bankern in einem regionalen In-
stitut für Privatkunden macht sich dann beispielsweise noch einmal
klar, was die tägliche Arbeit für die soziale Sicherheit und die Altersver-
sorgung ganz vieler Menschen bedeutet. Und natürlich auch, welche
Verantwortung damit verbunden ist. Bei einer Genossenschaftsbank
wie der, in der Jules arbeitet, kommt noch der besondere, sinnstiften-
de Kern des Unternehmens hinzu. Das Genossenschaftsprinzip wird
hier sehr ernst genommen. Die Erfahrung mit dieser Organisations-
form kann auch anderen zugutekommen. So wird die Bank sogar
öfter von der Regierung um Rat gefragt, inwiefern sich bestimmte

Aufgaben genossenschaftlich organisieren lassen. Immerhin arbeitet weltweit bereits einer von sieben Berufstätigen in einer Genossenschaft. Im Durchschnitt sind Genossenschaften 20 Prozent profitabler als börsennotierte Unternehmen.

> »I had a dream my life would be
> So diff'rent from this hell I'm living«
> »I Dreamed a Dream« aus »Les Misérables«

Früh übt sich, wer ein Meister werden will

In den Reihen des Publikums kam leises Gelächter auf. Peinlich berührt hielten sich einige die Hand vor den Mund. Es war der 11. April  **Wenn Vorurteile den Blick auf Talente verstellen** 2009 bei der Casting-Show »Britain's Got Talent«. Die Kandidatin, die da stotternd auf die Fragen der Jury antwortete, hieß Susan Boyle. Die Frisur der 47-jährigen Arbeitslosen sah aus, als trüge sie einen Wischmop auf dem Kopf. Ihren korpulenten Körper hatte sie in ein altmodisches Glitzerkleid gezwängt. Mit plumpem Humor versuchte sie zu punkten. Ein Experte aus der Jury fragte sie: »Was ist dein Traum?« Und Susan Boyle antwortete: »Ich wäre gerne professionelle Sängerin.« Süffisant hakte das Jurymitglied nach: »Etwa so bekannt wie …?« Antwort: »Elaine Paige.« Die Hauptdarstellerin bei den Londoner Weltpremieren der Musicals »Cats« und »Evita«. Schallendes Gelächter im Publikum.

Dann beginnt Susan Boyle zu singen. Nach den ersten Takten von »I Dreamed a Dream« aus dem Musical »Les Misérables« brandet im Publikum frenetischer Jubel auf. Nach einer halben Minute sehen die Fernsehzuschauer schluckende Jurymitglieder, die mit den Tränen kämpfen. Bei den letzten Takten haben sich alle im Saal, einschließlich der Jury, zu Standing Ovations erhoben. Nach diesem Auftritt klicken Millionen das Youtube-Video. Susan Boyle erhält Plattenverträge, stürmt die britischen Charts, tritt in weiteren Fernsehsendungen auf. Kurze Zeit später singt sie im Duett mit – Elaine Paige.

Höchste Zeit, die Talente aller Menschen zu fördern  Niemand hatte Susan Boyles Talent jemals erkannt, geschweige denn gefördert. In der Schule wurde das lernbehinderte Mädchen wegen ihres Aussehens gehänselt. Später erhielt die Schottin zwar jahrelang Gesangsunterricht, sang jedoch nur ab und zu im Kirchenchor. Sie schlug sich als Hilfsarbeiterin durch und pflegte ihre kranke Mutter. Bis zum Auftritt bei der Casting-Show im britischen Fernsehen. Ein Einzelfall? Was die plötzliche Berühmtheit betrifft, eher ja. Was jedoch das jahrzehntelang oder gar lebenslang unentdeckte Talent angeht, können wir davon ausgehen, dass es unter uns Millionen von Susan Boyles gibt.

Kein positives Feedback = keine Chance  Diese verborgenen Begabten stammen oft aus schwierigen sozialen Verhältnissen. Oder sie haben Behinderungen oder Benachteiligungen, die die ganze Aufmerksamkeit stets auf das gelenkt haben, was sie nicht können – statt auf das, was sie können. Meistens sind es Menschen, die als Kinder und Jugendliche einfach nie positives Feedback bekommen haben. Sie hatten keine Chance, sich selbst zu erfahren und zu entdecken. Sie haben deshalb eine Rolle im Leben angenommen, die irgendwie verfügbar war. Und keine, die dem eigenen Charakter und den individuellen Begabungen entspricht. Wenn wir an diesem gesellschaftlichen Zustand etwas ändern wollen, müssen wir vor allem bei den 15- bis 19-Jährigen ansetzen. In diesem Alter werden typischerweise die Weichen für die spätere berufliche Entwicklung gestellt.

> »If you got talent, talent is yours, it can't be mine
> And it take you where it's gon' take you, it'll be fine«
> Funkmaster Flex »Do You«

Unsere Initiative für Jugendliche – Nachmachen erwünscht! Vor Kurzem haben wir hier in Holland zusammen mit Rob Groen »TalentMe« gegründet, eine Initiative, die mit dem Belbin-Modell Jugendlichen helfen möchte, eine zu ihren Talenten passende Rolle im Berufsleben einzunehmen. Rob Groen ist Entwicklungspsychologe aus

Amsterdam und zertifiziert mit seiner Firma CMB seit rund 30 Jahren die niederländischen Belbin-Trainer. Auch ich habe mein Zertifikat von Rob. Auf seiner Website bezeichnet Rob Groen sich selbst als »Gitarre / Harfe« (in meine Metapher übersetzt). Tatsächlich ist er einer der wenigen Denker, die gleichzeitig kreativ und analytisch sind und bei denen diese Kombination nicht zum Stillstand führt, sondern den Anstoß für ungewöhnliche und wirkungsvolle Initiativen gibt.

Rob hat inzwischen begonnen, mit Jugendlichen aus Problemvierteln von Amsterdam zu arbeiten und dabei erste Erfahrungen gesammelt. Bei den  **Zum ersten Mal im Leben positives Feedback** 18- bis 19-Jährigen, die Wurzeln in fast allen Ländern der Erde haben, herrscht typischerweise totale Ratlosigkeit über ihre berufliche Zukunft. Anders als die meisten Mittelschichtkinder haben sie oft nicht eine einzige Idee, was sie später machen könnten, geschweige denn einen Traum, den sie verfolgen. Deshalb probiert Rob hier gerade einen Belbin-Test aus, den ein Jugendpsychologe für unsere Initiative an die Bedürfnisse von Heranwachsenden angepasst hat.

Es war berührend zu erleben, wie die ersten Jugendlichen auf den neuen Test reagiert haben. Für die meisten der 20 Teilnehmer der Testgruppe war es das erste Mal im Leben, dass sie überhaupt so etwas wie positives Feedback erhalten haben. Das Feedback, das sie bisher kannten, bestand aus Pöbeleien, Zurechtweisungen und Kritik. Damit überzog sie praktisch ihr komplettes soziales Umfeld. Mit leuchtenden Augen entdeckten sie zum ersten Mal: Es gibt ja etwas, was ich gut kann! Wenn eine solche Initialzündung jetzt dazu führt, dass jemand zu üben und zu trainieren beginnt, können wahre Wunder geschehen.

Meine eigenen Kinder haben zwar unvergleich- **Jugendliche anleiten, ihre Rolle(n) zu finden** lich bessere Startchancen als ihre Altersgenos- sen in den Problemvierteln der Großstädte, aber auch sie brauchen Unterstützung, um ihre Talente zu entdecken und sich berufliche Ziele zu setzen. Mein 15-jähriger Sohn musste in seiner Realschule vor Kurzem Interviews mit Leuten machen, um ihre Berufe kennenzulernen, und die Ergebnisse dann in der Schule präsentieren. Die Schüler sollen vor allem fragen, was unterschiedlichen Leuten an ihrer Arbeit gefällt. Sie vergleichen das dann ganz automatisch mit ihren eigenen Neigungen und Interessen. Auf diese Weise lernen sie sich selbst besser kennen und können ihre Talente einschätzen.

Mit unserer Initiative wollen wir vor allem auch Lehrern helfen. Bei allen Unterschieden zwischen den Schulsystemen in den verschiedenen europäischen Ländern beschränken sich Lehrer überall noch viel zu sehr darauf, Stoff zu vermitteln und Lernerfolge abzufragen. Das ist und bleibt sicher auch wichtig. Noch wichtiger ist aber, dass Lehrer die Talente ihrer Schüler erkennen und fördern. Im Rahmen der Initiative »TalentMe« wollen wir ihnen dafür Instrumente in die Hand geben. Es braucht jedoch noch viel mehr solcher und ähnlicher Initiativen, wenn sich dauerhaft etwas ändern soll.

SO SIND SIE IM TAKT

Halten Sie die Augen offen und achten Sie auch in Ihrem Team auf verborgene Talente. Die Chancen stehen gut, dass Sie echte Schätze heben können.

Die verborgenen Schätze des Teams heben Bei den allermeisten Lesern dieses Buchs wird das Team aus Erwachsenen bestehen. Trotzdem kann es augenöffnend sein, sich einmal klarzumachen, dass sehr wahrscheinlich in den meisten Teams Menschen arbeiten, deren Talente im Jugendalter nicht optimal gefördert wurden. Vielleicht gibt es auch in Ihrem Team eine Person, deren Talente Sie gewaltig unterschätzen? Möglicherweise haben Sie einen verborgenen Star in Ihren Reihen, der nur ein wenig Ansporn benötigt. Erstellen Sie dazu am besten einmal eine Liste mit den Talenten all ihrer Mitarbeiter. Sie dürfen ruhig überrascht sein, was da alles zusammenkommt!

Mein alter Kumpel Jules hat in seiner Bank immer wieder diese verborgenen Schätze gehoben. Er ist ja auch selbst das beste Beispiel für ein Talent, das erst langsam ans Licht kam. Als HR-Manager einer

Supermarktkette bekam er eine erste Ahnung von den Managementfähigkeiten, die in ihm steckten. Er hatte anschließend auch viel Glück. Ich wünsche mir für die Zukunft, dass es etwas weniger Glücksache ist, ob jemand bei der Arbeit seine Talente voll entfalten kann oder nicht. Überlegen Sie doch einmal, wo auch Sie Ihren Teil dazu beitragen können!

DA CAPO

♫ Menschen haben heute bei der Arbeit drei Grundbedürfnisse: Sie wollen ein Stück Autonomie besitzen. Sie möchten ihr Können entfalten. Und sie wollen die Arbeit als sinnvoll für andere erleben.

♫ Talent ist nachweislich nur eine Voraussetzung für Spitzenleistungen. Das Zusammenspiel im Team sollte jedem ermöglichen, beständig zu üben und zum Virtuosen zu werden.

♫ Nach wie vor gibt es in unserer Gesellschaft viele verborgene Talente. Wir sollten Jugendliche mehr unterstützen, ihre Talente zu entdecken – und gleichzeitig Erwachsenen im Beruf die zweite Chance geben, sich zu finden.

MIT LEIDENSCHAFT ZUM VIRTUOSEN WERDEN – UND IMMER WIEDER ÜBEN!

»She's got nothing on but the radio
She's a passion play«
Roxette »She's Got Nothing On«

Er sitzt allein auf der Bühne, auf einem schwarzen Hocker, das linke Bein ruht auf einer Fußstütze. Aus den Reihen des Publikums im New Yorker Kaufman Auditorium kommt kein Husten, kein Räuspern, kein Laut. Pepe Romero beugt sich leicht über die Gitarre auf seinem Schoß. Sein Gesicht wirkt konzentriert und hellwach. Seine Griffe sind schnell und dabei gleichzeitig sensibel. Romero spielt und die Bühne gehört ihm allein. Er ist der vielleicht größte lebende Virtuose auf seinem Instrument.

Üben ist eine lebenslange Aufgabe.  »Ich liebe es zu üben!«, bekannte der Gitarren-virtuose Pepe Romero einmal in einem Interview. »Es war immer eine einzige große Freude. Mühsam war es nur dann, wenn mir zu viele Konzerttermine weniger Zeit zum Üben ließen, als ich gern gehabt hätte.« Der Spanier, für Kenner einer der besten klassischen Gitarristen der Welt, erhielt bereits als kleines Kind Unterricht von seinem Vater, der ebenfalls ein berühmter Gitarrist war. Im Alter von sieben Jahren gab er sein erstes öffentliches Konzert. Hat der 1944 geborene Musiker inzwischen genug geübt? Auf keinen Fall! »Das Lernen ist ein lebenslanger Weg«, sagt Romero. Sein Vater hat es ihm vorgelebt: »Selbst am Ende seines Lebens versuchte er, Dinge zu entdecken, weiterzuentwickeln und Wege zu finden, um die Spieltechnik zu verbessern.« Romeros eigene Devise? »Suche jeden Tag nach deiner schwächsten Passage und arbeite an ihr, bis sie zu deiner stärksten wird«, sagt der Virtuose im Interview (nachzulesen auf www.gitarrehamburg.de).

Übung macht den Virtuosen. Und zwar auf jedem Instrument. Auch in diesem Punkt lassen sich Teamrollen und Instrumente absolut vergleichen.  **Jedes Teammitglied kann seine Rolle üben wie ein Instrument.** Ihr Team spielt dann wie ein Spitzenorchester zusammen, wenn nicht nur jedes Teammitglied das zu ihrer Person und zu den Zielen des Teams passende Instrument gefunden hat, sondern wenn alle auf ihren Instrumenten regelmäßig üben. Als Harfe im Team üben Sie dann zum Beispiel auch außerhalb des Teams Ihre Denkkraft. Als Klavier werden Sie zum Virtuosen, wenn Sie sich immer wieder mit dem breiten Spektrum der Töne befassen, die andere Mitglieder Ihres Teams anschlagen. Als Bass wiederum üben Sie Ihre Tatkraft und Ihre Fähigkeit, aus Zielen konkrete Aufgaben zu machen, immer wieder auch in Lebensbereichen außerhalb des Teams. Es ist genau wie beim Orchester: Jeder kann alleine zu Hause stundenlang üben, damit das Zusammenspiel mit den anderen noch besser klappt.

Warum der Gitarrist nicht zum Horn greift

Wenn Übung den Virtuosen auf einem Instrument ausmacht, dann bleibt die Frage: Welches Instrument sollen Sie jetzt üben? **Welches Instrument sollen Sie üben?** In diesem Buch haben Sie mehrfach den Hinweis gelesen, dass wir nicht einfach aufgrund unseres Charakters ein bestimmtes Instrument »sind«. Es gibt vielmehr zwei bis drei Instrumente, die jedem von uns besonders liegen. Abhängig vom augenblicklichen Ziel des Teams nehmen wir die eine oder andere dieser Rollen gerne ein. Unter Umständen müssen wir in bestimmten Situationen aber auch ein Instrument aktivieren, das wir nicht unbedingt lieben, aber jetzt trotzdem spielen sollten. Das sind die »machbaren« Teamrollen.

Vielleicht haben Sie sich an einer früheren Stelle schon einmal gefragt, welche Faktoren genau es sind, die darüber entscheiden, welches Instrument **Sechs Faktoren bestimmen die Teamrolle.** wir gut spielen. Meredith Belbin fand in seiner Forschung sechs einzelne Faktoren, die die folgende Abbildung zeigt.

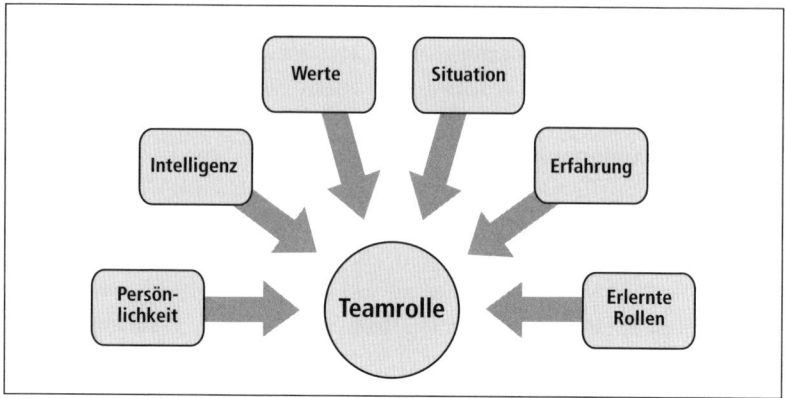

Faktoren, die bestimmen, welche Teamrolle eine Person einnimmt
(vgl. Meredith Belbin »Team Roles at Work«, S. 29)

Alle sechs in der Übersicht dargestellten Faktoren haben Einfluss darauf, welches Instrument wir im Team spielen. Ein einzelner Faktor kann dabei mal mehr, mal weniger Gewicht haben. Hier einige kurze Erläuterungen zu den sechs Faktoren:

1. **Persönlichkeit** – Damit sind konstante psycho-physische Eigenschaften gemeint, die sich in Persönlichkeitstests (z. B. MBTI, Big Five oder Reiss Profile) messen lassen. Introversion / Extroversion sowie Anspannung / Entspannung haben den größten Einfluss auf die Teamrolle.
2. **Intelligenz** – Überdurchschnittlich intelligente Menschen setzen sich manchmal über ihre eigentlichen Persönlichkeitsmerkmale hinweg. Sie beanspruchen dann beispielsweise allein aufgrund ihrer kognitiven Fähigkeiten die Führungsrolle.
3. **Werte** – Das persönliche Wertesystem kann großen Einfluss auf das Verhalten im Team haben. Wer zum Beispiel Respekt vor Regeln und Autorität in seinem Wertesystem stark verankert hat, der wird trotz hoher Kreativität eventuell mehr die Rolle des Umsetzers einnehmen.
4. **Situation** – Hierunter fallen die Ziele des Teams ebenso wie alle äußeren Faktoren, wie etwa Gruppengröße oder Verfügbarkeit einzelner Personen, deren Talente gerade gebraucht werden.

5. **Erfahrung** – Menschen mit Erfahrung in einer bestimmten Rolle nehmen diese grundsätzlich leichter ein. Aufgrund der übrigen Faktoren muss eine Person jedoch nicht unbedingt dort die meiste Erfahrung haben, wo ihr größtes Talent liegt.

6. **Erlernte Rollen** – Bestimmte Rollen werden Menschen durch das Elternhaus, die Schule oder die Ausbildung nahegelegt. Unternehmerkindern zum Beispiel wird manchmal Führungsverhalten schon von den Eltern abverlangt.

Mit den sechs bestimmenden Faktoren im Kopf können Sie Teamrollen noch bewusster einnehmen. Umgekehrt können Sie vermeiden, in eine 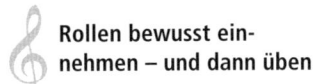 **Rollen bewusst einnehmen – und dann üben!** Rolle gedrängt zu werden, die Ihnen nicht liegt. Wenn Sie jetzt noch den Test im Kapitel »Schnelltest: Welche Teamrollen spielen Sie selbst am besten?« (S. 31) oder online unter www.richarddehoop.de gemacht haben, dann wissen Sie, welches Instrument oder welche Instrumente Sie am besten üben sollten.

Auf den folgenden Seiten finden Sie jeweils zwei Übungen für jedes Instrument. Suchen Sie sich die Instrumente aus, auf denen Sie zum Virtuosen werden möchten. Und dann machen Sie es wie ein Musiker: Am besten täglich üben! Legen Sie sich am besten ein Übungstagebuch (in Form eines Notizbuchs) an und halten Sie die Ergebnisse Ihrer Übungen dort fest. – Viel Spaß!

Übungen für den Bass

> »Work alright, we're gonna work all night
> Everybody work, that's right, everybody«
> Prince »Let's Work«

Der Bass macht die Dinge praktisch. Wo Gitarren Ideen ausspinnen und Harfen Probleme analysieren, da möchte er wissen, was als Nächstes zu tun ist. Die beiden folgenden Übungen helfen dabei, die Tatkraft des Basses bis zur Virtuosität zu entwickeln.

Machen Sie aus Vorhaben konkrete Stufenpläne.

Übung 1: Schritt für Schritt

Entwickeln Sie einmal oder mehrmals pro Woche einen konkreten Stufenplan für ein größeres Vorhaben einer Person, eines Unternehmens oder einer Organisation, von dem Sie über die Medien erfahren. Beispiel: Die Regierung in Ihrem Land plant, mehr für die Integration von Migranten zu tun. Was sollte konkret geschehen? Wo muss angefangen werden und was sind dann Schritte zwei, drei, vier und so weiter? Oder: Eine Airline muss profitabler werden. Wie sähe Ihr Stufenplan dazu aus? Oder: Ein Trainer kommt neu zu einer Fußballmannschaft. Wie könnten die einzelnen Schritte an seinem neuen Arbeitsplatz aussehen? Halten Sie die Stufenpläne in Ihrem Übungstagebuch fest. Verfolgen Sie von Zeit zu Zeit, was wirklich geschieht.

Bringen Sie Dinge in Ordnung.

Übung 2: Wieder wie neu

Suchen Sie sich einmal in der Woche etwas, das kaputt ist oder nicht mehr richtig funktioniert. Bringen Sie es so in Ordnung, als ob nie etwas dran gewesen wäre. Wollten Sie nicht immer schon mal diese flackernde Leuchtröhre ganz hinten im Lager austauschen? Machen Sie es! Wäre Ihr Auto ohne den kleinen Lackkratzer hinten links nicht noch schöner? Kümmern Sie sich drum! Ihre Kollegin zieht in eine neue Wohnung? Helfen Sie ihr beim Streichen der Wände! Halten Sie einfach die Augen offen, und Sie finden bestimmt etwas, das sich reparieren oder optimieren lässt. Schreiben Sie in Ihr Übungstagebuch, was Sie gemacht haben.

Übungen für die Trompete

> »Open your eyes and discover
> You're not the only one«
> Yes »Open Your Eyes«

Trompeten sorgen für Verbindung zur Außenwelt. Sie knüpfen Kontakte und holen Informationen ein. Wo Bässe manchmal stur an ihren Plänen festhalten oder Harfen Nabelschau betreiben, bringen Trompeten neuen Schwung. Diese Übungen helfen auf dem Weg zum Trompetenvirtuosen.

Übung 1: Networking für Fortgeschrittene

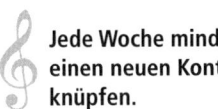 **Jede Woche mindestens einen neuen Kontakt knüpfen.**

Erweitern Sie jede Woche Ihr berufliches Netzwerk um eine oder mehrere Personen, die neue Ideen oder interessante Informationen für Sie haben. Gehen Sie auf diese Personen zu und knüpfen Sie den Kontakt. Online-Netzwerke, wie zum Beispiel Xing, können Ihnen dabei helfen. Achten Sie gleichzeitig darauf, dass Sie zuvor geknüpfte Kontakte aktiv weiter pflegen. Planen Sie, wann Sie sich spätestens wieder melden. Geben Sie an Ihre neuen Kontakte unbedingt auch selbst Informationen weiter. Erzählen Sie regelmäßig in Ihrem Team, wen Sie neu kennengelernt haben und was Sie erfahren haben. Halten Sie besonders interessante Infos in Ihrem Übungstagebuch fest.

Übung 2: Fischen im Netz der Netze

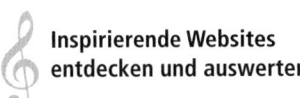 **Inspirierende Websites entdecken und auswerten**

Entdecken Sie jede Woche mindestens eine neue Website im Internet, die Ihnen Impulse gibt. Vielleicht gibt es seit Kurzem einen Blogger zu Ihrem Fachgebiet? Oder ein Vielfliegerforum enthält jede Menge Tipps für Geschäftsreisen? Setzen Sie dort jeweils ein Lesezeichen. Legen Sie sich eine Lesezeichensammlung mit inspirierenden oder nützlichen Internetseiten an. Werten Sie Ihre Erkenntnisse regelmäßig aus. Schreiben Sie in Ihr Übungstagebuch, welche Informationen Sie auf den einzelnen Websites besonders interessant fanden. Sprechen Sie mit Ihren Teamkollegen darüber und empfehlen Sie besonders interessante Links per E-Mail weiter.

Übungen für die Trommel

»Alright! Sharpen the mix
Get the pressure
You have no time to rest«
Scooter »Fire«

Trommeln sind Antreiber und Tempomacher. Sie richten das Team auf Ziele aus und sorgen dafür, dass diese erreicht werden. Vor allem für Geigen, Harfen und Hörner sind Ziele manchmal nicht so wichtig. Diese brauchen dann Impulse, um sich in die richtige Richtung zu bewegen.

Fordern Sie bessere Leistungen ein!

Übung 1: Druck machen

Setzen Sie mindestens einmal in der Woche jemanden so richtig unter Druck, bessere Ergebnisse zu erzielen. Verlangen Sie mehr, als Sie bisher bekommen haben. Allerdings nicht diktatorisch, sondern mit Hinweis auf die gemeinsamen Ziele. Bitten Sie zum Beispiel einen Mitarbeiter, eine Präsentation noch einmal zu überarbeiten, damit ein wichtiger Kunde wirklich überzeugt werden kann. Vielleicht machen Sie sich mit dieser Übung nicht immer beliebt; weniger zielorientierte Menschen werden Ihnen aber langfristig dankbar sein. Halten Sie im Übungstagebuch die Fortschritte der Personen fest, von denen Sie mehr verlangt haben.

Definieren Sie »smarte« Ziele!

Übung 2: Ziele definieren

Definieren Sie mindestens einmal in der Woche ein »smartes« Ziel für eine Person oder Organisation in den Medien. Wenden Sie also die SMART-Formel (jedes Ziel muss S = spezifisch, M = messbar, A = akzeptiert, R = realistisch und T = terminierbar sein) auf aktuelle Ereignisse an. Angenommen, die Staatschefs der EU treffen sich in Brüssel. Welches Ziel sollten diese bis wann spezifisch, messbar, akzeptiert und realistisch erreicht haben? Oder welches SMART-Ziel sollte sich der Vorstandschef eines Konzerns setzen, über dessen Bilanzpressekonferenz gerade berichtet wird? Notieren Sie in Ihrem Übungstagebuch, welche »smarten« Ziele Sie für wen definiert haben.

Übungen für das Klavier

> »So we're different colours
> And we're different creeds
> And different people have different needs«
> Depeche Mode »People Are People«

Das Klavier kann Prozesse gut durchschauen und weiß, welche Talente nötig sind, um ein bestimmtes Ziel zu erreichen. Die besten Klaviere wissen ebenfalls genau, welche Talente und Fähigkeiten alle anderen Teammitglieder mitbringen. Hier sind zwei »Klavierübungen«.

Übung 1: Wer hat die Lösung?

 **Bestimmen Sie Personen für Problemlösungen!**

Suchen Sie jeden Tag in den Medien nach Gruppen, Unternehmen oder Organisationen, die noch keine Lösung für ihr aktuelles Problem haben. Überlegen Sie, welche Person mit welchem Talent zum Einsatz kommen könnte, um das Problem zu lösen. Wer sollte also zum Beispiel neuer Vorsitzender einer Partei werden, die gerade in der Wählergunst abgestürzt ist? Wer wäre der beste Trainer für eine Fußballmannschaft, die gegen den Abstieg kämpft? Welche Talente müsste jemand mitbringen, der ein marodes Unternehmen wieder fit machen will? Halten Sie Ihre Empfehlungen in Ihrem Übungstagebuch fest.

Übung 2: Talent-Scout

 **Entdecken Sie überall Talente!**

Notieren Sie jeden Tag Talente, Fähigkeiten und Kenntnisse von Personen in Ihrem Umfeld. Beobachten Sie, was Menschen, die Ihnen täglich begegnen, so alles können. Dabei zählen auch Kleinigkeiten. Ein Teammitglied hat einen Besucher besonders freundlich empfangen? Notieren Sie es. Ein Kollege hat sein Büro immer aufgeräumt und findet alle seine Unterlagen sofort? Schreiben Sie es auf. Erst recht achten Sie auf die größeren und überraschenden Talente. Zum Beispiel, wenn Sie jemandem eine so gute Präsentation nicht zugetraut hätten. Beziehen Sie das private Umfeld mit ein: Was sind die Talente der Spielkameraden Ihrer Kinder? Was macht die Verkäuferin im Laden nebenan besonders gut?

Übungen für die Gitarre

> »Must be time for a new idea
> Pack up my things and get away from here«
> Midnight Oil »Basement Flat«

Gitarren sind unabhängige und unorthodoxe Denker. Sie kommen immer wieder auf neue Ideen. Und das von ganz alleine, ohne Anstoß von außen. Innovativsein lässt sich jedoch auch üben. Mit den folgenden Übungen trainieren Gitarren ihre Denkkraft wie einen Muskel.

Finden Sie originelle Problemlösungen! ### Übung 1: Querdenkeransätze

Finden Sie jeden Tag eine originelle und außergewöhnliche Lösung für ein Problem in den Medien. Schauen Sie sich die Lösungsvorschläge an, die bisher diskutiert wurden, und finden Sie einen ganz anderen Ansatz. Wie könnte zum Beispiel mehr Solarstrom erzeugt werden, wenn nicht über staatliche Subventionen? Was würde die Verkehrsprobleme einer Stadt lindern? Wo kann ein Telefonkonzern neue Geschäftsfelder finden? Entwickeln Sie überall Querdenkeransätze, auf die bisher noch niemand gekommen ist. Halten Sie Ihre Vorschläge im Übungstagebuch fest.

Entwerfen Sie jede Woche etwas Neues! ### Übung 2: Designwettbewerb

Entwerfen Sie jede Woche mindestens ein neues Produkt oder Bauwerk. Welches Kleidungsstück würden Sie gerne einmal tragen? Wie stellen Sie sich Ihr ideales Wohnhaus vor? Wie sieht das Büro der Zukunft aus? Von welchem Konzertsaal, Fußballstadion oder Museum träumen Sie? Mit welchen Autos, Zügen und Flugzeugen werden wir uns morgen fortbewegen? Wie sehen die Straßen, Bahnhöfe und Flughäfen dazu aus? Machen Sie Skizzen in Ihrem Übungstagebuch und fügen Sie kurze Beschreibungen hinzu.

Übungen für die Harfe

> »I push the fact in front of me
> Facts are never what they seem to be«
> Talking Heads »Crosseyed and Painless«

Die Harfe versteht es, mit ihrer Denkkraft Probleme zu analysieren und die richtige Lösung zu finden. Durch ihre fundierten Kenntnisse und ihre Orientierung an Fakten bewahrt sie das Team vor Dummheiten. Die analytischen Fähigkeiten einer Harfe lassen sich wunderbar trainieren.

Übung 1: Des Rätsels Lösung

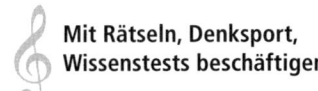 **Mit Rätseln, Denksport, Wissenstests beschäftigen**

Machen Sie jeden Tag einen Wissenstest, lösen Sie ein Rätsel oder befassen Sie sich mit Denksportaufgaben. Zahlenrätsel, wie etwa Sudoku und Kakuro, gibt es in Tageszeitungen und Rätselbüchern. Im Internet finden Sie zahllose Webseiten mit Denksport- und Knobelaufgaben. Beispiel: »Wie kann man die Zahl 666 um exakt 50 Prozent vergrößern, ohne eine Rechenoperation vorzunehmen?«* Besonders schön für die Harfe sind auch Multiple-Choice-Wissenstests, bei denen eine von drei oder vier Antworten richtig ist. Auf der Website der Financial Times Deutschland gibt es beispielsweise jede Woche mehrere solcher Tests: www.ftd.de/wissen/quiz.

Übung 2: Pro und Kontra

Sammeln Sie Argumente für oder gegen eine Meinung!

Suchen Sie sich täglich oder mehrmals wöchentlich einen Kommentar in einer Zeitung oder einen Beitrag in einem Online-Forum und sammeln Sie Argumente für und gegen die dort vertretene Meinung. Mischen Sie dabei öfter die Themen, das heißt, nehmen Sie sich nicht ausschließlich Ihr Spezialgebiet vor. Holen Sie, wenn nötig, im Internet weitere Informationen ein, um eine Meinung zu bewerten. Schreiben Sie die Thesen aus den Medien in Ihr Übungstagebuch, darunter eine Spalte mit Pro- und eine mit Kontra-Argumenten.

* Lösung: Indem man die Zahl auf den Kopf stellt: 999. Zu einfach?
  Dann suchen Sie sich anspruchsvollere Rätsel!

Übungen für das Horn

> »I feel so real
> And I owe it all to you«
> Gloria Gaynor »Feel So Real«

Das Horn verknüpft Emotionen mit Präzision. Wo die Harfe nur kühl analysiert, hört das Horn auch auf seine Intuition. Hörner sollten lernen, ihren Gefühlen mehr zu vertrauen. Und sie sollten das Selbstvertrauen entwickeln, sich mit ihrer Intuition regelmäßig zu Wort zu melden.

Notieren Sie, was Ihre Intuition Ihnen sagt!

Übung 1: Den Verstand ruhen lassen

Notieren Sie mindestens einmal am Tag in Ihrem Übungstagebuch, wie Ihr Bauchgefühl zu Themen aus Politik, Wirtschaft und Gesellschaft ist. Spüren Sie bei den Nachrichten, bei der Zeitungslektüre oder beim Lesen von Online-Magazinen in sich hinein, was Ihre Intuition Ihnen sagt. Wird eine Krise sich verschärfen oder sind wir der Lösung nahe? Kann ein neues Produkt Erfolg haben? Sollte ein Bundesligaverein seinen Trainer behalten oder wechseln? Vergleichen Sie regelmäßig, was Ihr Bauchgefühl Ihnen vor Wochen oder Monaten signalisiert hat und wie die Dinge tatsächlich verlaufen sind.

Fehler und Nachlässigkeiten finden

Übung 2: Fehlersuche

Suchen Sie täglich auf einer Zeitungsseite, einer Internetseite oder in einem Buch nach Fehlern und Nachlässigkeiten. Das können Rechtschreibfehler, Grammatikfehler oder Layoutfehler sein. Noch spannender ist oft die Suche nach inhaltlichen Fehlern. Medienberichte sind voll von Falschmeldungen. Gehen Sie den Dingen auf den Grund! Stimmt eine Statistik wirklich? Wird ein Politiker in dem Bericht korrekt zitiert – oder hat er das ursprünglich ganz anders formuliert? Finden Sie es heraus! Notieren Sie die gefundenen Fehler in Ihrem Übungstagebuch. Wenn Sie Lust haben, können Sie sich für gefundene Fehler Punkte geben und diese wöchentlich addieren.

Übungen für die Geige

>Ebony and ivory
Live together in perfect harmony«
Paul McCartney/Stevie Wonder »Ebony and Ivory«

Die Geige hat ein wunderbares Talent, Konflikte zu schlichten und Gräben zu überbrücken. Um ihr Talent optimal einzusetzen, muss sie lernen, Kontroversen eine Zeit lang auszuhalten und auf Konflikte einzugehen, statt vor ihnen wegzulaufen. Das lässt sich trainieren.

Übung 1: Hitzige Debatte

 **Suchen Sie in Diskussionen die Gemeinsamkeiten!**

Nehmen Sie mindestens einmal pro Woche an einem Meeting teil, in dem hitzige Diskussionen geführt werden. Falls Sie dazu keine Gelegenheit haben, können Sie sich auch eine Diskussionssendung im Fernsehen anschauen (z. B. »Maybrit Illner«). Hören Sie sich die einzelnen Standpunkte aufmerksam an, ohne sie zu bewerten. Dann suchen Sie nach Anknüpfungspunkten und Verbindungen zwischen den einzelnen Positionen. Notieren Sie später in Ihrem Übungstagebuch zunächst die einzelnen Standpunkte und dann die möglichen Gemeinsamkeiten.

Übung 2: Zuhören und unterstützen

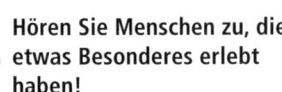 **Hören Sie Menschen zu, die etwas Besonderes erlebt haben!**

Gehen Sie mindestens einmal pro Woche auf eine Person zu, die etwas besonders Erfreuliches oder Trauriges erlebt hat, die krank ist oder nur wenige Menschen kennt, mit denen sie sich austauschen kann. Hören Sie dieser Person aufmerksam zu. Seien Sie ein Spiegel für das, was diese Person Ihnen erzählt, ohne es zu bewerten oder Lösungsvorschläge für Probleme zu machen. Oder unterstützen Sie einen Menschen, der gerade krank ist oder dem es sonst nicht gut geht – mit einer Postkarte, einer SMS oder einer Nachricht auf Facebook. Halten Sie in ihrem Übungstagebuch fest, wem Sie zugehört haben und wie sich diese Person gerade fühlt.

DA CAPO

♫ In Spitzenteams üben alle Teammitglieder regelmäßig ihr Instrument, um in einer Teamrolle genauso zum Virtuosen zu werden wie ein Musiker.

♫ Die sechs Faktoren Persönlichkeit, Intelligenz, Werte, Situation, Erfahrung und erlernte Rollen haben Einfluss darauf, welches Instrument wir im Team spielen.

♫ Wer täglich oder mehrmals wöchentlich auch außerhalb des Teams Übungen macht, die seiner Teamrolle gerecht werden, trägt viel zum perfekten Zusammenspiel bei.

ZUGABE

Auf den folgenden Seiten finden Sie einige nützliche Hinweise, um Ihr Wissen über Teamrollen weiter zu vertiefen.

Bücher von Meredith Belbin

Die Bücher, in denen der britische Forscher Dr. Meredith Belbin sein Teamrollenmodell herleitet und erklärt, gibt es leider nicht in deutscher Übersetzung. Die Originalausgaben werden jedoch immer wieder aufgelegt und lassen sich problemlos bestellen (beispielsweise über Amazon.de).

»Management Teams. Why they succeed or fail«, Elsevier, 2010
In diesem Buch erklärt Belbin die Grundlagen seines Modells, bringt zahlreiche Case Studies und gibt praktische Tipps. Das Buch enthält eine Postkarte, die Sie an die Belbin-Organisation in England schicken können. Sie erhalten dann per E-Mail einen Link zu einem Gratis-online-Test. Die kostenlose Auswertung kommt wiederum per E-Mail und enthält: 1. Teamrollen-Profil, 2. Beratungs-Report (computergeneriert), 3. Charakter-Profil, 4. Analyse Ihrer möglichen Arbeitsstile.

»Team Roles at Work«, Elsevier, 2010
Dieses Buch ist mehr praxisorientiert, setzt aber das Wissen aus dem ersten Buch teilweise voraus. Es geht unter anderem noch einmal tiefer auf Themen wie Eignungstests, Teambuilding, Konfliktmanagement und Nachfolgeregelungen ein.

Deutschsprachiger original Belbin-Test

Wenn Sie allein oder gemeinsam mit Ihrem Team den original Belbin-Test (Interplace®-Test) auf Deutsch machen möchten, haben Sie dazu beim deutschen Lizenznehmer »Bergander Team- und Führungsentwicklung« verschiedene Möglichkeiten (Infos und Preise unter: www.belbin.de). Wolfgang Bergander und sein Team sind auch Ihr Ansprechpartner, wenn Sie sich selbst als Belbin-Trainer zertifizieren lassen möchten. Es finden regelmäßig Belbin-Seminare (mit Zertifikat) an unterschiedlichen Orten statt.

Übersetzungstabelle

Mit der folgenden Tabelle können Sie die Instrumenten-Metapher aus diesem Buch in die original Bezeichnungen von Belbin in seinen Büchern bzw. in die Begriffe in dem deutschsprachigen Interplace®-Test auf www.belbin.de übersetzen.

ÜBERSETZUNGSTABELLE DER TEAMROLLENBEZEICHNUNGEN		
De Hoop	Belbin (englisch)	Belbin (deutsch)
Bass	Implementer (IMP)	Umsetzer
Trompete	Resource Investigator (RI)	Wegbereiter
Trommel	Shaper (SH)	Macher
Klavier	Coordinator (CO)	Koordinator
Gitarre	Plant (PL)	Neuerer
Harfe	Monitor Evaluator (ME)	Beobachter
Horn	Completer Finisher (CF)	Perfektionist
Geige	Teamworker (TW)	Teamarbeiter
–	Specialist (SP)	Spezialist

Kostenlose Zusatzangebote und Services

Unter der Adresse www.richarddehoop.de finden Sie vielfältige Informationen und den Orchestertest auf Deutsch. Der Orchestertest und eine Auswertung per E-Mail sind bei uns komplett kostenlos. Sie erhalten per E-Mail regelmäßig weitere Tipps, wie Sie auf Ihren Instrumenten bis zur Virtuosität üben und sich ein Dream-Team schaffen können. Selbstverständlich können Sie diesen Gratisservice jederzeit wieder abbestellen.

DER AUTOR

Richard de Hoop kommt aus Weert (Niederlande) und ist Experte für Teambuilding, Führung und Motivation. Mit diesen Themen ist er seit 1995 als Entert®ainer und Keynote-Sprecher erfolgreich in Europa unterwegs. Er nutzt Musik als Metapher und Inspirationsquelle für unternehmerischen Erfolg. In Deutschland bekannt wurde er als »Glückscoach« in der Pro7-Sendung »Der Glücksreport«. Richard de Hoop ist Mitglied der Professional Speakers Association (PSA) in Holland und Partner der Initiative »TalentMe« zur Verbesserung von Lebenschancen bei Jugendlichen.

Foto: Jealine Bos

www.richarddehoop.de

Buchungsanfragen für Vorträge und Seminare in Deutschland, Österreich und der Schweiz auf **5-sterne-redner.de**

STICHWORTVERZEICHNIS